RocketMQ
分布式消息中间件

核心原理与最佳实践

李伟 著

电子工业出版社
Publishing House of Electronics Industry
北京·BEIJING

内 容 简 介

本书源码以 RocketMQ 4.2.0 和 RocketMQ 4.3.0 为基础，从 RocketMQ 的实际使用到 RocketMQ 的源码分析，再到 RocketMQ 企业落地实践方案，逐步讲解。使读者由浅入深地了解 RocketMQ。

本书在源码分析过程中，先讲整体流程，再按模块、步骤进行详细讲解，希望读者在阅读时能举一反三，能知其然且知其所以然。

本书总共九章，分为五部分，第一部分讲解消息队列入门和 RocketMQ 生产、消费原理与最佳实践；第二部分从整体角度讲解 RocketMQ 架构；第三部分讲解 RocketMQ 各个组件的基本原理；第四部分深入 RocketMQ，讲解如何阅读源代码、如何进行企业实践；第五部分是附录，包含 Namesrv、Broker 的核心参数配置说明和 Exporter 监控指标注释。

希望读者在平时的工作中能熟悉、借鉴、参考 RocketMQ 的优秀设计理念，在技术能力上更进一步，在工作中更好地服务公司。

未经许可，不得以任何方式复制或抄袭本书之部分或全部内容。
版权所有，侵权必究。

图书在版编目（CIP）数据

RocketMQ 分布式消息中间件：核心原理与最佳实践 / 李伟著. —北京：电子工业出版社，2020.8
ISBN 978-7-121-39267-2

Ⅰ.①R… Ⅱ.①李… Ⅲ.①计算机网络—软件工具 Ⅳ.①TP393.07

中国版本图书馆 CIP 数据核字(2020)第 127846 号

责任编辑：董　英
印　　刷：涿州市般润文化传播有限公司
装　　订：涿州市般润文化传播有限公司
出版发行：电子工业出版社
　　　　　北京市海淀区万寿路 173 信箱　邮编：100036
开　　本：787×980　1/16　印张：17.25　字数：304 千字
版　　次：2020 年 8 月第 1 版
印　　次：2022 年 9 月第 5 次印刷
定　　价：79.00 元

凡所购买电子工业出版社图书有缺损问题，请向购买书店调换。若书店售缺，请与本社发行部联系，联系及邮购电话：（010）88254888，88258888。
质量投诉请发邮件至 zlts@phei.com.cn，盗版侵权举报请发邮件至 dbqq@phei.com.cn。
本书咨询联系方式：010-51260888-819，faq@phei.com.cn。

前　言

为什么要写这本书

2020 年处于移动互联网的下半场，各种技术层出不穷，虽然数据也在爆发式增长，但是高并发、高吞吐已经不再是首要的痛点，稳定、可靠才是王道。

RocketMQ 作为一款高可靠、低延迟、高并发、支持海量 Topic 的分布式消息中间件，服务于阿里巴巴、VIPKID、滴滴出行、微众银行、华为等国内各大企业。在阿里巴巴内的业务涵盖了阿里巴巴全部的业务，也是双 11 的核心链路支撑者之一。笔者所在公司选择它，也是由于 RocketMQ 具有高可靠、吞吐高的特点。

笔者早期接触 RocketMQ 时，社区的中文文档、原理讲解还是比较少的。一个偶然的机会，笔者结识了 Apache RocketMQ 社区的维护者，随即加入了社区，编撰文档、提交 PR。在社区工作的过程中，笔者发现使用 RocketMQ 的企业非常多，而大家却缺乏入门之径和实际落地经验。后来，在一次社区 MeetUp 中，有幸和电子工业出版社的南编相识，这才萌发了写本书总结的想法。

书籍是人类进步的阶梯，笔者在编写本书的时候才真正有所体会。笔者带着总结落地经验和了解 RocketMQ 原理的目标来编写本书，目的是使其他使用者可以参考、借鉴，不再重复掉入我们曾经掉过的坑。

读者对象

- 对 RocketMQ 有了解、使用的经验后,想要深入源码而无从下手的人员。
- 希望学习消息队列和分布式系统的开发人员。
- 企业消息中间件维护和支持人员。
- RocketMQ 代码贡献者。
- 支持开源的技术工作者。

如何阅读本书

本书的难度属于中级,介绍了 RocketMQ 的基本使用方法及其各个组件的基本原理,讲解原理时,都是采用先整体架构后详细分解的方式。详细分解时不会深入源码逐段讲,而是从代码结构出发梳理整个运行过程。

本书分为五大部分。

第一部分包含第 1 章、第 2 章和第 3 章,主要讲解消息队列入门和 RocketMQ 生产者、消费者原理与最佳实践。

第二部分包含第 4 章,主要介绍 RocketMQ 的架构设计和部署实践,也为第三部分的讲解做铺垫。

第三部分包含第 5 章、第 6 章和第 7 章,主要讲解 RocketMQ 核心组件 Namesrv、Broker 的基本实现原理、RocketMQ 事务消息和延迟消息的设计和实现。

第四部分包含第 8 章和第 9 章,主要讲解如何阅读源代码和企业实践。

第五部分是附录,主要列举了 Namesrv、Broker 的核心配置项和 Prometheus Exporter 的指标说明。

勘误与支持

由于笔者水平有限、编撰仓促,书中难免会出现一些错误,恳请读者批评指正。如果您有更多宝贵意见和建议,请发送邮件到 1026203200@qq.com,期待和您交流沟通 RocketMQ 的原理、问题与发展。

致谢

首先感谢我的公司、平台和同事,让我有机会可以比较深入地钻研和治理 RocketMQ,本书的完成是离不开大家的支持和鼓励的。

其次感谢 Apache 社区和社区维护者,更感谢 RocketMQ 的缔造者,正是因为大家的努力,方才有如今优秀的 RocketMQ。

最后,我要诚挚感谢电子工业出版社的南编等其他工作人员,有了大家的幕后默默工作,才有了本书的出版。

读者服务

微信扫码回复:39267

· 获取博文视点学院 20 元付费内容抵扣券
· 获取免费增值资源
· 加入读者交流群,与本书作者互动
· 获取精选书单推荐

目 录

第 1 章 RoketMQ 综述 ··· 1

1.1 什么是消息队列 ·· 2
1.2 为什么需要消息队列 ·· 4
    1.2.1 削峰填谷 ·· 4
    1.2.2 程序间解耦 ·· 5
    1.2.3 异步处理 ·· 6
    1.2.4 数据的最终一致性 ·· 6
1.3 常见消息队列 ··· 7
1.4 RocketMQ 的发展史与未来 ··· 9
    1.4.1 RocketMQ 的发展史 ·· 9
    1.4.2 Apache RocketMQ 的未来 ·· 11

第 2 章 RocketMQ 的生产者原理和最佳实践 ································· 14

2.1 生产者原理 ·· 15
    2.1.1 生产者概述 ·· 15
    2.1.2 消息结构和消息类型 ·· 16
    2.1.3 生产者高可用 ·· 17
2.2 生产者启动流程 ··· 22

2.3 消息发送流程 ·· 32
2.4 发送消息最佳实践 ·· 36
   2.4.1 发送普通消息 ·· 36
   2.4.2 发送顺序消息 ·· 37
   2.4.3 发送延迟消息 ·· 37
   2.4.4 发送事务消息 ·· 38
   2.4.5 发送单向消息 ·· 40
   2.4.6 批量消息发送 ·· 41
2.5 生产者最佳实践总结 ·· 42

第 3 章 RocketMQ 的消费流程和最佳实践 ····················· 44

3.1 消费者概述 ·· 45
   3.1.1 消费流程 ·· 45
   3.1.2 消费模式 ·· 46
   3.1.3 可靠消费 ·· 48
3.2 消费者启动机制 ·· 50
3.3 消费者的 Rebalance 机制 ······································ 58
3.4 消费进度保存机制 ·· 65
3.5 消费方式 ·· 70
   3.5.1 Pull 消费流程 ·· 71
   3.5.2 Push 消费流程 ·· 72
3.6 消息过滤 ·· 86
   3.6.1 为什么要设计过滤功能 ·································· 86
   3.6.2 RocketMQ 支持消息过滤 ······························ 86
3.7 消费者最佳实践总结 ·· 91

第 4 章 RocketMQ 架构和部署最佳实践 ························· 94

4.1 RocketMQ 架构 ·· 95
4.2 常用的部署拓扑和部署实践 ·································· 96
   4.2.1 常用的拓扑图 ·· 96
   4.2.2 同步复制、异步复制和同步刷盘、异步刷盘 ·· 97
   4.2.3 部署实践 ·· 98

第 5 章 Namesrv 102

5.1 Namesrv 概述 103
5.1.1 什么是 Namesrv 103
5.1.2 Namesrv 核心数据结构和 API 103
5.1.3 Namesrv 和 Zookeeper 105

5.2 Namesrv 架构 106
5.2.1 Namesrv 组件 106
5.2.2 Namesrv 启动流程 108
5.2.3 Namesrv 停止流程 110

5.3 RocketMQ 的路由原理 111
5.3.1 路由注册 111
5.3.2 路由剔除 112

第 6 章 Broker 存储机制 114

6.1 Broker 概述 115
6.1.1 什么是 Broker 115
6.1.2 Broker 存储目录结构 116
6.1.3 Broker 启动和停止流程 117

6.2 Broker 存储机制 125
6.2.1 Broker 消息存储结构 126
6.2.2 Broker 消息存储机制 130
6.2.3 Broker 读写分离机制 150

6.3 Broker CommitLog 索引机制 155
6.3.1 索引的数据结构 155
6.3.2 索引的构建过程 158
6.3.3 索引如何使用 159

6.4 Broker 过期文件删除机制 162
6.4.1 CommitLog 文件的删除过程 162
6.4.2 Consume Queue、Index File 文件的删除过程 166

6.5 Broker 主从同步机制 167
6.5.1 主从同步概述 168

6.5.2　主从同步流程 ·· 169
6.6　Broker 的关机恢复机制 ·· 174
6.6.1　Broker 关机恢复概述 ·· 174
6.6.2　Broker 关机恢复流程 ·· 177

第 7 章　RocketMQ 特性——事务消息与延迟消息机制 ·············· 182

7.1　事务消息概述 ·· 183
7.2　事务消息机制 ·· 184
  7.2.1　生产者发送事务消息和执行本地事务 ······················ 184
  7.2.2　Broker 存储事务消息 ······································ 188
  7.2.3　Broker 回查事务消息 ······································ 191
  7.2.4　Broker 提交或回滚事务消息 ································ 197
7.3　延迟消息概述 ·· 201
7.4　延迟消息机制 ·· 203
  7.4.1　延迟消息存储机制 ·· 203
  7.4.2　延迟消息投递机制 ·· 205

第 8 章　RocketMQ 源代码阅读 ·· 208

8.1　RocketMQ 源代码结构概述 ···································· 209
8.2　RocketMQ 源代码编译 ·· 212
8.3　如何阅读源代码 ·· 214
8.4　源代码阅读范例：通过消息 id 查询消息 ·························· 216

第 9 章　RocketMQ 企业最佳实践 ······································ 224

9.1　RocketMQ 落地概述 ·· 225
  9.1.1　为什么选择 RocketMQ ···································· 225
  9.1.2　如何做 RocketMQ 的集群管理 ······························ 226
9.2　RocketMQ 集群管理 ·· 230
  9.2.1　Topic 管理 ·· 230
  9.2.2　消费者管理 ·· 235
9.3　RocketMQ 集群监控和报警 ······································ 240
  9.3.1　监控和报警架构 ·· 240

  9.3.2 基于 Grafana 监控 …………………………………………………… 242
  9.3.3 基于 Prometheus 的报警 …………………………………………… 243
 9.4 RocketMQ 集群迁移 ……………………………………………………… 244
 9.5 RocketMQ 测试环境实践 ………………………………………………… 245
 9.6 RocketMQ 接入实践 ……………………………………………………… 247
  9.6.1 Spring 接入 RocketMQ ……………………………………………… 247
  9.6.2 Python 接入 RocketMQ ……………………………………………… 249

附录 ………………………………………………………………………………… 252

第 1 章
RoketMQ 综述

什么是消息队列,消息队列到底解决了什么问题?

本章主要内容如下:

- 消息队列入门级介绍,希望大家在全面了解 RocketMQ 之前,对消息队列这个词有一个大致的印象,初步掌握其出现的必要性与合理性。
- 通过介绍一个场景引入消息队列的概念。
- 主流消息队列组件的比较。
- Apache RocketMQ 的发展史和未来。

1.1 什么是消息队列

消息队列（Message Queue），从广义上讲是一种消息队列服务中间件，提供一套完整的信息生产、传递、消费的软件系统，如图 1-1 所示。

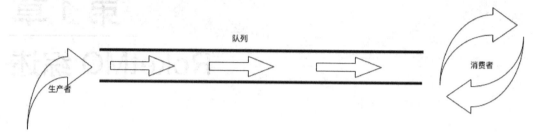

图 1-1

消息队列所涵盖的功能远不止于队列（Queue），其本质是两个进程传递信息的一种方法。两个进程可以分布在同一台机器上，亦可以分布在不同的机器上。

众所周知，进程通信可以通过 RPC（Remote Procedure Call，远程过程调用）进行，那么我们为什么要用消息队列这种软件服务来传递消息呢？

下面我们以春节订火车票为例进行说明，流程如图 1-2 所示。

拿到年终奖了，准备买车票带着媳妇儿回家过年。你打开 12306 手机 App 开始做如下操作：

第一步：输入车票信息，发送订票请求。

起点站：北京。

终点站：成都。

出发时间：腊月 29 晚上 8 点。

票数：2 张。

座席：硬卧。

第二步：单击"预订"按钮，12306 App 界面开始转圈圈。与此同时全国 3 亿人民也在和你一起做相同的事情。

第三步：3s 后，应用告诉你订票失败。

第四步：你修改车次，重新发送订票请求。应用重复第二步继续等待。又一个 3s 后，12306 App 告诉你订票成功。

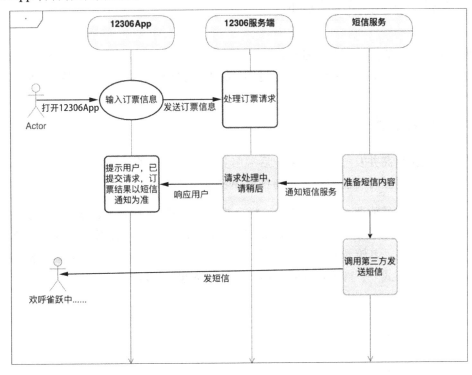

图 1-2

12306 App 在处理图 1-2 中的逻辑时，会遇到以下挑战：

（1）今天这个车次只售出 4000 张票，而实际有 30 万人发送了订票信息，如果逐一请求处理，那么 90%以上的人都将要耗时 3s 来等待，怎么办？

（2）下游有 20 个系统需要在订票成功后进行通知，如果逐一调用这些系统的接口进行通知，而其中一个通知任务执行失败，那么已经通知成功的任务会怎样？

（3）12306 App 架构会不断调整，当数据结构发生变化时，下游 20 个系统都随着一起变化吗？

以上只是随机列举了一些常见的问题,如何才能优雅地处理呢?

答案是:消息队列!

1.2 为什么需要消息队列

通过上一节的讲解,相信读者对消息队列有了一个初步的认识,那么我们平时什么时候可能会用到消息队列呢?接下来将通过图1-2中的例子介绍消息队列的适用场景。

1.2.1 削峰填谷

业务系统在超高并发场景中,由于后端服务来不及同步处理过多、过快的请求,可能导致请求堵塞,严重时可能由于高负荷拖垮Web服务器。

我们都希望流量如图1-3虚线部分一样一直比较平稳,这样我们的系统也会更加稳定。但是实际的流量会随着时间不短变化,像12306 App这样的App流量大得难以想象,而一年中不同的时间段,其流量也不同,如图1-3曲线所示。为了能支持最高峰流量,我们通常采取短平快的方式——直接扩容服务器,增加服务端的吞吐量。

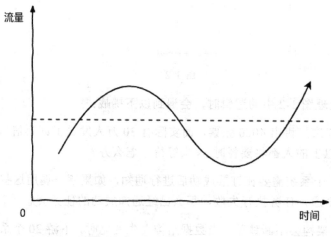

图1-3

优点是显而易见的，短时间内吞吐量增加了好几倍，甚至数十倍。缺点也明显，流量低峰期服务器相对较闲。

如何平衡平时的空闲与节假日的超高峰呢？我们想到了消息队列（比如 Apache RocketMQ，Apache Kafka），也是目前业界比较常用的手段。利用消息队列扭转处理订票请求，告知用户 30min 内会告诉他/她订票结果。优缺点明显：性能提升了，但是我们作为业务开发人员，还要维护一个消息队列服务，人手完全不够。消息中间件呼之欲出。

1.2.2 程序间解耦

不同的业务端在联合开发功能时，常常由于排期不同、人员调配不方便等原因导致项目延期。其实，其根本原因是业务耦合过度。

如图 1-4 所示，上下游系统之间的通信是彼此依赖的，所以不得不协调上下游所有的资源同步进行，跨团队处理问题显然比在团队内部处理问题难度大。

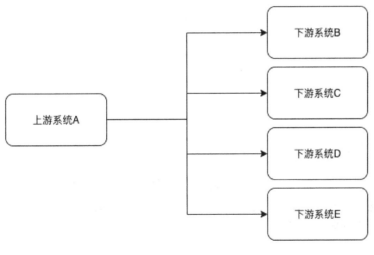

图 1-4

你是否依稀记得另一个团队的同事调用你的 API，你告诉他发个请求过来，你打断点一步一步调试代码的场景？

你是否记得为了协调开发资源、QA 资源，以及协调上线时间等所做的一切，你被老板骂了多少次，最后还是延期了：我们依赖他们，他们的 QA 说，高峰期不让发布。

加入消息队列后，不同的业务端又会是何种情况呢？如图1-5所示，上下游系统进行开发、联调、上线，彼此完全不依赖，也就是说，系统间解耦了。

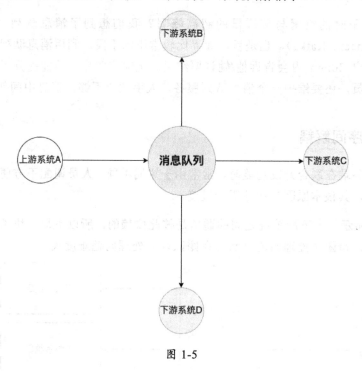

图 1-5

1.2.3 异步处理

处理订票请求是一个漫长的过程，需要检查预订的车次是否有预订数量的票、下单扣库存、更新缓存等一系列操作。这些耗时的操作，我们可以通过使用消息队列的方式，把提交请求成功的消息告诉用户。然后异步处理这些耗时的操作，保证30min内能把处理的结果通过短信推送给用户，否则系统处理多久，用户就会等多久。

1.2.4 数据的最终一致性

我们举例说明。很怀念每月的1号，可以向老婆的"财务部"缴费了。你的工资在招商银行，你老婆的工资在北京银行。通常，两个系统的通信过程如图1-6所示。

第1章 RoketMQ 综述

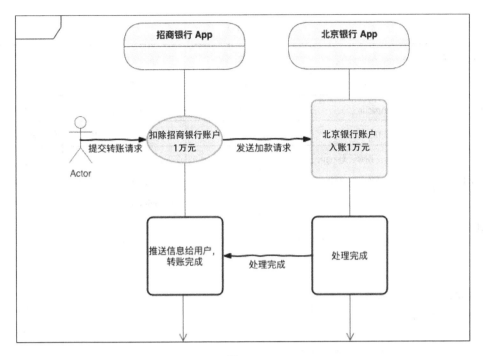

图 1-6

如果通信失败，怎么保证你的钱"上交"了呢？业内常用的手段就是消息队列。消息系统的优点：

（1）免去了招商银行 App 多次重试（发起请求）的复杂逻辑。

（2）免去了北京银行 App 处理过多重试请求的压力。

（3）即使北京银行服务不可用，业务也不受影响。

1.3 常见消息队列

如表 1-1 所示，我们对时下流行的消息队列组件进行了简单的比较，供读者做技术选型的参考。

表 1-1

消息队列名字	Apache ActiveMQ	Apache Kafka	Apache RocketMQ	Apahe Pulsar
产生时间	2007	2012	2017	2018
贡献公司	Apache	LinkedIn	阿里巴巴	雅虎
当时流行 MQ	JMS	ActiveMQ	Kafka、ActiveMQ	RocketMQ、Kafka
特性	(1) 支持协议众多：AMQP、STOMP、MQTT、JMS (2) 消息是持久化的 JDBC	(1) 超高写入速率 (2) end-to-end 耗时毫秒级	(1) 万亿级消息支持 (2) 万级 Topic 数量支持 (3) end-to-end 耗时毫秒级	(1) 存储计算分离 (2) 支持 SQL 数据查询
管理后台	自带	独立部署	独立部署	无
多语言客户端	支持	支持	Java C++ Python Go C#	Java C++ Python Go
数据流支持	不支持	支持	支持	支持
消息丢失	理论上不会丢失	理论上不会丢失	理论上不会丢失	理论上不会丢失
文档完备性	好	极好	极好	社区不断完善中
商业公司实践	国内部分企业	LinkedIn	阿里巴巴	雅虎、腾讯、智联招聘
容错	无重试机制	无重试机制	支持重试、死信消息	支持重试、死信消息
顺序消息	支持	支持	支持	支持
定时消息	不支持	不支持	支持	支持
事务消息	不支持	不支持	支持	支持
消息轨迹	不支持	不支持	支持	自己实现简单
消息查询	数据库中查询	不支持	支持	支持 SQL
重放消息	不清楚	暂停重放	实时重放	支持
宕机	自动切换	自动选主	手动重启	自动切换

1.4 RocketMQ 的发展史与未来

"Apache RocketMQ is an open source distributed messaging and streaming data platform."　　　　　　　　　　　　　　　　　——Apache RocketMQ 社区官网

Apache RocketMQ 是一款开源的、分布式的消息投递与流数据平台。出生自阿里巴巴，在阿里巴巴内部经历了 3 个版本后，作为 Apache 顶级开源项目之一直到现在。在 GitHub 上有 10000+ star、5000+ fork、170+ contributors（在 GitHub 上提交代码并被采纳的开发者），目前的最新版本是 2020 年 3 月的 4.7.0 版本。

本节主要介绍 RocketMQ 的产生和成长过程。

1.4.1 RocketMQ 的发展史

纵观 Apache RocketMQ 从开始发展到现在，和一个人的成长历程类似，如图 1-7 所示。

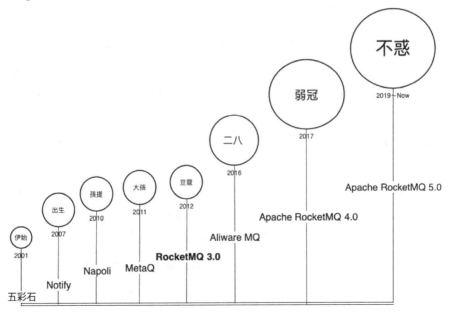

图 1-7

1. RocketMQ 的前世

和大部分组件产生的原因类似，阿里巴巴内部为了适应淘宝 B2C 的更快、更复杂的业务，2001 年启动了"五彩石项目"，阿里巴巴的第一代消息队列服务 Notify 就是在这个背景下产生的。

2010 年，阿里巴巴内部的 Apache ActiveMQ 仍然作为核心技术被广泛用于各个业务线，而顺序消息、海量消息堆积、完全自主控制消息队列服务，也是阿里巴巴同时期急需的。在这种背景下，2011 年，MetaQ 诞生。

2. RocketMQ 云化

2011 年，LinkedIn 将 Kafka 开源。2012 年，阿里巴巴参考 Kafka 的设计，基于对 MetaQ 的理解和实际使用，研发了一套通用消息队列引擎，也就是 RocketMQ。自此才有了第一代真正的 RocketMQ，2016 年阿里云上线云 RocketMQ 消息队列服务。

自 2001 年到 2012 年，11 年的实际使用、运维，和业务不断碰撞，才得以抽象并整理出一个真正的行业级产品，技术从来不简单，只是你看不见！

3. Apache RocketMQ "毕业"

2016 年 11 月，阿里巴巴将 RocketMQ 捐献给 Apache 基金会。

Apache 社区有一个很重要的理念：社区大于代码。虽然 RocketMQ 已经开源 3 年，在国内小有名气，而且在阿里巴巴被广泛应用并有较好的效果，但是依然不能达到 Apache 优秀项目的标准。

在 RocketMQ 被捐献后，通过一系列的修改、评审、调整，悄悄升级至 4.0 版本，正式进入孵化阶段。

2017 年 09 月 25 日，RocketMQ 成功 "毕业"（Apache 社区项目孵化成功即为毕业），成为 Apache 顶级项目，它是国内首个互联网中间件在 Apache 的顶级项目，也是继 ActiveMQ、Kafka 后 Apache 家族中全新的一代消息队列引擎。

随着不断地更新升级，RocketMQ 的能力也越来越强大，如图 1-8 所示，这是阿里巴巴双 11 的消息量的部分统计，可以看出 RocketMQ 处理的消息量已经在万亿条级别。

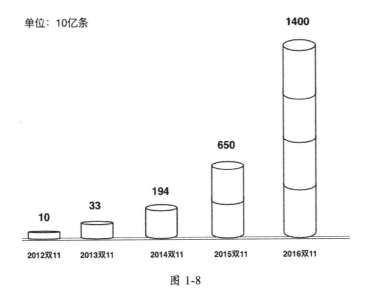

图 1-8

1.4.2 Apache RocketMQ 的未来

2017 年 10 月 14 日，分布式消息领域的国际标准 OpenMessaging 宣布加入 Linux 基金会。2018 年，RocketMQ 开发团队和社区着手思考 Apache RocketMQ 5.0 计划——研发 Cloud Native，与 OpenMessaging 更加紧密地结合在一起。

2018 年，可谓是 RocketMQ 蓬勃发展的一年，ACL、消息轨迹、DLedger 等新特性被提交到社区，还有 Spring Starter、CPP、Python、Go、NodeJS 等多语言的客户端也相继面世。随着社区不断有新的贡献者加入，Flink、Spark、ELK、IoT 等更多的周边产品会更加完善，如图 1-9 所示。

如果你想要贡献代码，需要怎么做呢？按照 Apache 的工作方式，如果想要向社区提交自己的创新或改进的想法，那么首先要发起一个 RIP。

关于 RIP（RocketMQ Improvement Proposal，RocketMQ 改善提案），在 Apache 的社区文档中是这样解释的：在过去，我们希望同学们以提交 GitHub Issue 的方式添加一个新功能。这是一种非常棒的提交方式，但却不正规、不易追踪和管理，所以我们介绍 RIP 机制来替代提交新功能的流程。

RIPs 面向用户和大版本的改进，而不是小改动。当大家在怀疑改动大小时，Committer（在 GitHub 上拥有代码合并权限的开发者）应该考虑 RIP 是否可以派上用场。

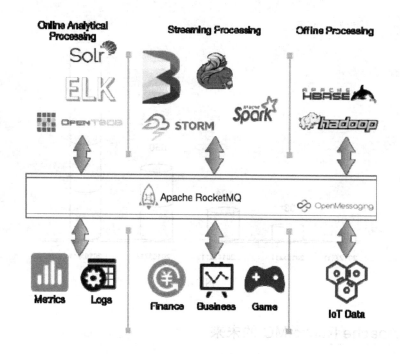

图 1-9

怎么提交一个 RIP 呢？很简单，请参照如图 1-10 所示的流程。

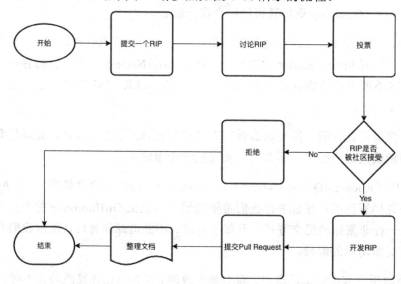

图 1-10

Apache RocketMQ——金融级消息队列，一个拥有亚毫秒级延迟、万亿级消息容量保证、高消息容错设计的中间件，在阿里巴巴、VIPKID、微众银行、民生银行、蚂蚁金服、滴滴等国内知名互联网公司的实践中，有着完美的表现。

随着 RocketMQ 5.0 的发布，借助 OpenMessaging 提供跨平台、多语言的能力，将会打通 Prometheus、ELK 等上游组件，通过消息、Streaming 等形式将数据扭转到 Flink、Elasticsearch、Hbase、Spark、Hbase 等下游组件。届时整个生态体系将会更加完美、便捷。

目前国内关于 Apache RocketMQ 社区的开源工作和最新资讯主要都在钉钉群（21791227 和 21982288）中体现，大家可以进群了解和学习。

第 2 章
RocketMQ 的生产者原理和最佳实践

对于消息队列，生产者通常是入门第一个接触的对象，用于生产消息给消费者消费。本章通过介绍生产者实现类的属性、方法，引出生产者的启动过程、高可靠的实现方式等，主要讲解内容如下：

- RocketMQ 支持 3 种消息：普通消息（并发消息）、顺序消息、事务消息。
- RocketMQ 支持 3 种发送方式：同步发送、异步发送、单向发送。
- RocketMQ 生产者最佳实践和总结。

2.1 生产者原理

通过第 1 章的讲解，相信读者对 RocketMQ 有了一个基本的认识，本节将对 RocketMQ 中的生产者做基本介绍。

2.1.1 生产者概述

发送消息的一方被称为生产者，它在整个 RocketMQ 的生产和消费体系中扮演的角色如图 2-1 所示。

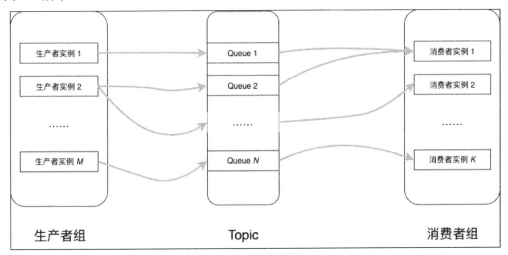

图 2-1

生产者组：一个逻辑概念，在使用生产者实例的时候需要指定一个组名。一个生产者组可以生产多个 Topic 的消息。

生产者实例：一个生产者组部署了多个进程，每个进程都可以称为一个生产者实例。

Topic：主题名字，一个 Topic 由若干 Queue 组成。

RocketMQ 客户端中的生产者有两个独立实现类：org.apache.rocketmq.client.producer.DefaultMQProducer 和 org.apache.rocketmq.client.producer.TransactionMQProducer。前者用

于生产普通消息、顺序消息、单向消息、批量消息、延迟消息，后者主要用于生产事务消息。

2.1.2 消息结构和消息类型

消息类的核心字段定义如下：

```
public class Message implements Serializable {
    private static final long serialVersionUID = 8445773977080406428L;
    private String topic;
    private int flag;
    private Map<String, String> properties;
    private byte[] body;
    public void setKeys(String keys) { }
    public void setKeys(Collection<String> keys) { }
    public void setTags(String tags) { }
    public void setDelayTimeLevel(int level) { }
    public void setTopic(String topic) { }
    public void putUserProperty(final String name, final String value) {…}
}
```

Topic：主题名字，可以通过 RocketMQ Console 创建。

Flag：目前没用。

Properties：消息扩展信息，Tag、keys、延迟级别都保存在这里。

Body：消息体，字节数组。需要注意生产者使用什么编码，消费者也必须使用相同编码解码，否则会产生乱码。

setKeys()：设置消息的 key，多个 key 可以用 MessageConst.KEY_SEPARATOR（空格）分隔或者直接用另一个重载方法。如果 Broker 中 messageIndexEnable=true 则会根据 key 创建消息的 Hash 索引，帮助用户进行快速查询。

setTags()：消息过滤的标记，用户可以订阅某个 Topic 的某些 Tag，这样 Broker 只会把订阅了 topic-tag 的消息发送给消费者。

setDelayTimeLevel()：设置延迟级别，延迟多久消费者可以消费。

putUserProperty()：如果还有其他扩展信息，可以存放在这里。内部是一个 Map，重复调用会覆盖旧值。

RocketMQ 支持普通消息、分区有序消息、全局有序消息、延迟消息和事务消息。

普通消息：普通消息也称为并发消息，和传统的队列相比，并发消息没有顺序，但是生产消费都是并行进行的，单机性能可达十万级别的 TPS。

分区有序消息：与 Kafka 中的分区类似，把一个 Topic 消息分为多个分区"保存"和消费，在一个分区内的消息就是传统的队列，遵循 FIFO（先进先出）原则。

全局有序消息：如果把一个 Topic 的分区数设置为 1，那么该 Topic 中的消息就是单分区，所有消息都遵循 FIFO（先进先出）的原则。

延迟消息：消息发送后，消费者要在一定时间后，或者指定某个时间点才可以消费。在没有延迟消息时，基本的做法是基于定时计划任务调度，定时发送消息。在 RocketMQ 中只需要在发送消息时设置延迟级别即可实现。

事务消息：主要涉及分布式事务，即需要保证在多个操作同时成功或者同时失败时，消费者才能消费消息。RocketMQ 通过发送 Half 消息、处理本地事务、提交（Commit）消息或者回滚（Rollback）消息优雅地实现分布式事务。

2.1.3 生产者高可用

通常，我们希望不管 Broker、Namesrv 出现什么情况，发送消息都不要出现未知状态或者消息丢失。在消息发送的过程中，客户端、Broker、Namesrv 都有可能发生服务器损坏、掉电等各种故障。当这些故障发生时，RocketMQ 是怎么处理的呢？

1. 客户端保证

第一种保证机制：重试机制。RocketMQ 支持同步、异步发送，不管哪种方式都可以在配置失败后重试，如果单个 Broker 发生故障，重试会选择其他 Broker 保证消息正常发送。

配置项 retryTimesWhenSendFailed 表示同步重试次数，默认为 2 次，加上正常发送 1 次，总共 3 次机会。

同步发送的重试代码可以参考 org.apache.rocketmq.client.impl.producer.DefaultMQProducerImpl.sendDefaultImpl()，每次发送失败后，除非发送被打断否则都会执行重试代码。同步发送重试代码如下：

```
    int timesTotal = communicationMode == CommunicationMode.SYNC ?
        1 + this.defaultMQProducer.getRetryTimesWhenSendFailed() : 1;
    int times = 0;
    for (; times < timesTotal; times++) {
        ...
        MessageQueue mqSelected = this.selectOneMessageQueue(topicPublishInfo,
lastBrokerName);
        if (mqSelected != null) {
            mq = mqSelected;
            brokersSent[times] = mq.getBrokerName();
            try {
                sendResult = this.sendKernelImpl(msg, mq, communicationMode,
sendCallback, topicPublishInfo, timeout);
            } catch (RemotingException e) {
                ...
                continue;
            } catch (MQClientException e) {
                ...
                continue;
            }
        }
    }
```

异步发送重试代码可以参考 org.apache.rocketmq.client.impl.MQClientAPIImpl.sendMessageAsync()，具体代码如下：

```
    MQClientAPIImpl.sendMessageAsync():
     public void operationComplete(ResponseFuture responseFuture) {
        RemotingCommand response = responseFuture.getResponseCommand();
        if (response != null) {
            ...
        } else {
            producer.updateFaultItem(brokerName, System.currentTimeMillis() -
responseFuture.getBeginTimestamp(), true);
            if (!responseFuture.isSendRequestOK()) {
                ...
                onExceptionImpl(...,retryTimesWhenSendFailed, times, ex, context,
true,...);
            } else if (responseFuture.isTimeout()) {
                ...
                onExceptionImpl(...,retryTimesWhenSendFailed, times, ex,
context, true,...);
            } else {
```

```
            ...
            onExceptionImpl(...,retryTimesWhenSendFailed, times, ex, context,
true,...);
        }
    }
}
```

重试是在通信层异步发送完成的,当 operationComplete() 方法返回的 response 值为 null 时,会重新执行重试代码。返回值 response 为 null 通常是因为客户端收到 TCP 请求解包失败,或者没有找到匹配的 request。

生产者配置项 retryTimesWhenSendAsyncFailed 表示异步重试的次数,默认为 2 次,加上正常发送的 1 次,总共有 3 次发送机会。

第二种保证机制:客户端容错。RocketMQ Client 会维护一个"Broker-发送延迟"关系,根据这个关系选择一个发送延迟级别较低的 Broker 来发送消息,这样能最大限度地利用 Broker 的能力,剔除已经宕机、不可用或者发送延迟级别较高的 Broker,尽量保证消息的正常发送。

这种机制主要体现在发送消息时如何选择 Queue,源代码在 sendDefaultImpl() 方法调用的 selectOneMessageQueue() 方法中,我们分两段来讲。

第一段代码如下:

```
if (this.sendLatencyFaultEnable) {##代码 1
    try {
        //第一步
        int index = tpInfo.getSendWhichQueue().getAndIncrement();
        for (int i = 0; i < tpInfo.getMessageQueueList().size(); i++) {
            int pos = Math.abs(index++) % tpInfo.getMessageQueueList().size();
            if (pos < 0)
                pos = 0;
            MessageQueue mq = tpInfo.getMessageQueueList().get(pos);
            if (latencyFaultTolerance.isAvailable(mq.getBrokerName())) {
                if (null == lastBrokerName || mq.getBrokerName().equals(lastBrokerName))
                    return mq;
            }
        }
        //第二步
```

```
                final String notBestBroker = latencyFaultTolerance.pickOneAtLeast();
                int writeQueueNums = tpInfo.getQueueIdByBroker(notBestBroker);
                if (writeQueueNums > 0) {
                    final MessageQueue mq = tpInfo.selectOneMessageQueue();
                    if (notBestBroker != null) {
                        mq.setBrokerName(notBestBroker);
                        mq.setQueueId(tpInfo.getSendWhichQueue().getAndIncrement() % writeQueueNums);
                    }
                    return mq;
                } else {
                    latencyFaultTolerance.remove(notBestBroker);
                }
            } catch (Exception e) {
                log.error("Error occurred when selecting message queue", e);
            }
            //第三步
            return tpInfo.selectOneMessageQueue();
        }
```

sendLatencyFaultEnable：发送延迟容错开关，默认为关闭，如果开关打开了，会触发发送延迟容错机制来选择发送 Queue。

发送 Queue 时如何选择呢？

第一步：获取一个在延迟上可以接受，并且和上次发送相同的 Broker。首先获取一个自增序号 index，通过取模获取 Queue 的位置下标 Pos。如果 Pos 对应的 Broker 的延迟时间是可以接受的，并且是第一次发送，或者和上次发送的 Broker 相同，则将 Queue 返回。

第二步：如果第一步没有选中一个 Broker，则选择一个延迟较低的 Broker。

第三步：如果第一、二步都没有选中一个 Broker，则随机选择一个 Broker。

第二段代码主要包括一个随机选择方法 tpInfo.selectOneMessageQueue(lastBrokerName)，该方法的功能就是随机选择一个 Broker，具体实现代码如下：

```
public MessageQueue selectOneMessageQueue(final String lastBrokerName)
{
    //第一步
    if (lastBrokerName == null) {
        return selectOneMessageQueue();
    } else {//第二步
```

```
        int index = this.sendWhichQueue.getAndIncrement();
        for (int i = 0; i < this.messageQueueList.size(); i++) {
            int pos = Math.abs(index++) % this.messageQueueList.size();
            if (pos < 0)
                pos = 0;
            MessageQueue mq = this.messageQueueList.get(pos);
            if (!mq.getBrokerName().equals(lastBrokerName)) {
                return mq;
            }
        }
        //第三步
        return selectOneMessageQueue();
    }
}
```

上面这段代码标注了三个步骤，分别解释如下：

第一步：如果没有上次使用的 Broker 作为参考，那么随机选择一个 Broker。

第二步：如果存在上次使用的 Broker，就选择非上次使用的 Broker，目的是均匀地分散 Broker 的压力。

第三步：如果第一、二步都没有选中一个 Broker，则采用兜底方案——随机选择一个 Broker。

在执行如上两段代码时，需要 Broker 和发送延迟的数据作为判断的依据，这些数据是怎么来的呢？

客户端在发送消息后，会调用 updateFaultItem()方法来更新当前接收消息的 Broker 的延迟情况，这些主要逻辑都在 MQFaultStrategy 类中实现，延迟策略有一个标准接口 LatencyFaultTolerance，如果读者想要自己实现一种延迟策略，可以通过这个接口来实现。

2. Broker 端保证

数据同步方式保证：在后面 Broker 章节中会讲到 Broker 主从复制分为两种：同步复制和异步复制。同步复制是指消息发送到 Master Broker 后，同步到 Slave Broker 才算发送成功；异步复制是指消息发送到 Master Broker，即为发送成功。在生产环境中，建议至少部署 2 个 Master 和 2 个 Slave，下面分为几种情况详细描述。

（1）1 个 Slave 掉电。Broker 同步复制时，生产第一次发送失败，重试到另一组 Broker 后成功；Broker 异步复制时，生产正常不受影响。

（2）2 个 Slave 掉电。Broker 同步复制时，生产失败；Broker 异步复制时，生产正常不受影响。

（3）1 个 Master 掉电。Broker 同步复制时，生产第一次失败，重试到另一组 Broker 后成功；Broker 异步复制时的做法与同步复制相同。

（4）2 个 Master 掉电。全部生产失败。

（5）同一组 Master 和 Slave 掉电。Broker 同步复制时，生产第一次发送失败，重试到另一组 Broker 后成功；Broker 异步复制时，生产正常不受影响。

（6）2 组机器都掉电：全部生产失败。

综上所述，想要做到绝对的高可靠，将 Broker 配置的主从同步进行复制即可，只要生产者收到消息保存成功的反馈，消息就肯定不会丢失。一般适用于金融领域的特殊场景。绝大部分场景都可以配置 Broker 主从异步复制，这样效率极高。

2.2 生产者启动流程

DefaultMQProducer 是 RocketMQ 中默认的生产者实现，DefaultMQProducer 的类之间的继承关系如图 2-2 所示，可以看到这个生产者在实现时包含生产者的操作和配置属性，这是典型的类对象设计。下面我们将介绍类对象的一些核心属性和方法。

以下是一些核心属性：

namesrvAddr：继承自 ClientConfig，表示 RocketMQ 集群的 Namesrv 地址，如果是多个则用分号分开。比如：127.0.0.1:9876;127.0.0.2:9876。

clientIP：使用的客户端程序所在机器的 IP 地址。支持 IPv4 和 IPv6，IPv4 排除了本地的环回地址（127.0.xxx.xxx）和私有内网地址（192.168.xxx.xxx）。这里需要注意的是，如果 Client 运行在 Docker 容器中，获取的 IP 地址是容器所在的 IP 地址，而非宿主机的 IP 地址。

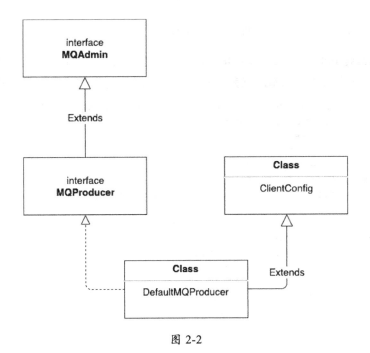

图 2-2

instanceName：实例名，每个实例都需要取唯一的名字，因为有时我们会在同一个机器上部署多个程序进程，如果名字有重复就会导致启动失败。

vipChannelEnabled：这是一个 boolean 值，表示是否开启 VIP 通道。VIP 通道和非 VIP 通道的区别是：在通信过程中使用的端口号不同。

clientCallbackExecutorThreads：客户端回调线程数。该参数表示 Netty 通信层回调线程的个数，默认值 Runtime.getRuntime().availableProcessors() 表示当前 CPU 的有效个数。

pollNameServerInterval：获取 Topic 路由信息的间隔时长，单位为 ms，默认为 30 000ms。

heartbeatBrokerInterval：与 Broker 心跳间隔的时长，单位为 ms，默认为 30 000ms。

defaultMQProducerImpl：默认生产者的实现类，其中封装了 Broker 的各种 API（启动及关闭生产者的接口）。如果你想自己实现一个生产者，可以添加一个新的实现，保持 DefaultMQProducer 对外接口不变，用户完全没有感知。

producerGroup：生产者组名，这是一个必须传递的参数。RocketMQ-way 表示同一个生产者组中的生产者实例行为需要一致。

sendMsgTimeout：发送超时时间，单位为 ms。

compressMsgBodyOverHowmuch：消息体的容量上限，超过该上限时消息体会通过 ZIP 进行压缩，该值默认为 4MB。该参数在 Client 中是如何生效的呢？具体实现代码如下：

```
private boolean tryToCompressMessage(final Message msg) {
    if (msg instanceof MessageBatch) {
        return false;
    }
    byte[] body = msg.getBody();
    if (body != null) {
        if (body.length >= this.defaultMQProducer.getCompressMsgBodyOverHowmuch()) {
            try {
                byte[] data = UtilAll.compress(body, zipCompressLevel);
                if (data != null) {
                    msg.setBody(data);
                    return true;
                }
            } catch (IOException e) {
                log.error("tryToCompressMessage exception", e);
                log.warn(msg.toString());
            }
        }
    }
    return false;
}
```

retryTimesWhenSendFailed：同步发送失败后重试的次数。默认为 2 次，也就是说，一共有 3 次发送机会。

retryTimesWhenSendAsyncFailed：异步发送失败后重试的次数。默认为 2 次。异步重试是有条件的重试，并不是每次发送失败后都重试。源代码可以查看 org.apache.rocketmq.client.impl.MQClientAPIImpl.sendMessageAsync()方法。每次发送失败抛出异常后，通过执行 onExceptionImpl()方法来决定什么场景进行重试。

以下是一些核心方法：

start()：这是启动整个生产者实例的入口，主要负责校验生产者的配置参数是否正确，并启动通信通道、各种定时计划任务、Pull 服务、Rebalance 服务、注册生产者到 Broker 等操作。

shutdown()：关闭本地已注册的生产者，关闭已注册到 Broker 的客户端。

fetchPublishMessageQueues(Topic)：获取一个 Topic 有哪些 Queue。在发送消息、Pull 消息时都需要调用。

send(Message msg)：同步发送普通消息。

send(Message msg, long timeout)：同步发送普通消息（超时设置）。

send(Message msg,SendCallback sendCallback)：异步发送普通消息。

send(Message msg,SendCallback sendCallback,long timeout)：异步发送普通消息（超时设置）。

sendOneway(Message msg)：发送单向消息。只负责发送消息，不管发送结果。

send(Message msg,MessageQueue mq)：同步向指定队列发送消息。

send(Message msg,MessageQueue mq,long timeout)：同步向指定队列发送消息（超时设置）。

同步向指定队列发送消息时，如果只有一个发送线程，在发送到某个指定队列中时，这个指定队列中的消息是有顺序的，那么就按照发送时间排序；如果某个 Topic 的队列都是这种情况，那么我们称该 Topic 的全部消息是分区有序的。

send(Message msg,MessageQueue mq,SendCallback sendCallback)：异步发送消息到指定队列。

send(Message msg,MessageQueue mq,SendCallback sendCallback,long timeout)：异步发送消息到指定队列（超时设置）。

send(Message msg,MessageQueueSelector selector,Object arg,SendCallback sendCallback)：自定义消息发送到指定队列。通过实现 MessageQueueSelector 接口来选择将消息发送到哪个队列。

send(Collection<Message> msgs)：批量发送消息。

下面介绍两个核心管理接口：

createTopic(String key,String newTopic,int queueNum)：创建 Topic。

viewMessage(String offsetMsgId)：根据消息 id 查询消息内容。

生产者启动的流程比消费者启动的流程更加简单，一般用户使用 DefaultMQProducer 的构造函数构造一个生产者实例，并设置各种参数。比如 Namesrv 地址、生产者组名等，调用 start() 方法启动生产者实例，start() 方法调用了生产者默认实现类的 start() 方法启动，这里我们主要讲实现类的 start() 方法内部是怎么实现的，其流程如图 2-3 所示。

RocketMQ 分布式消息中间件：核心原理与最佳实践

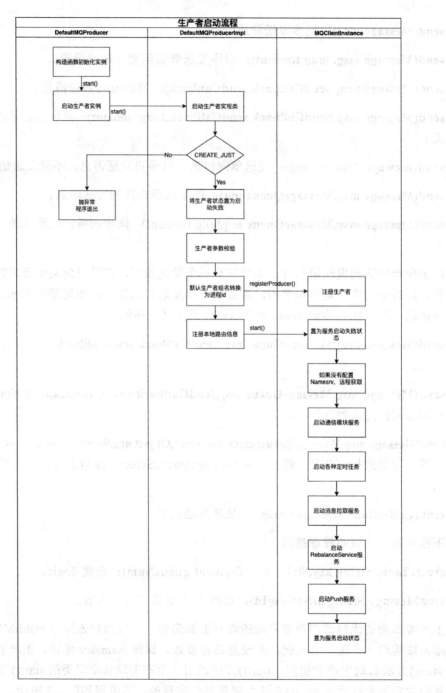

图 2-3

第一步：通过 switch-case 判断当前生产者的服务状态，创建时默认状态是 CREATE_JUST。设置默认启动状态为启动失败。

第二步：执行 checkConfig()方法。校验生产者实例设置的各种参数。比如生产者组名是否为空、是否满足命名规则、长度是否满足等。

第三步：执行 changeInstanceNameToPID()方法。校验 instance name，如果是默认名字则将其修改为进程 id。

第四步：执行 getAndCreateMQClientInstance()方法。根据生产者组名获取或者初始化一个 MQClientInstance。初始化代码如下：

```
public MQClientInstance getAndCreateMQClientInstance(final ClientConfig clientConfig, RPCHook rpcHook) {
    String clientId = clientConfig.buildMQClientId();
    MQClientInstance instance = this.factoryTable.get(clientId);
    if (null == instance) {
        instance = new MQClientInstance(
            clientConfig.cloneClientConfig(),
            this.factoryIndexGenerator.getAndIncrement(),
            clientId,
            rpcHook
        );
        MQClientInstance prev = this.factoryTable.putIfAbsent(clientId, instance);
        if (prev != null) {
            instance = prev;
            log.warn("Returned Previous MQClientInstance for clientId:[{}]", clientId);
        } else {
            log.info("Created new MQClientInstance for clientId:[{}]", clientId);
        }
    }
    return instance;
}
```

由此可见，MQClientInstance 实例与 clientId 是一一对应的，而 clientId 是由 clientIP、instanceName 及 unitName 构成的。一般来讲，为了减少客户端的使用资源，如果将所有的 instanceName 和 unitName 设置为同样的值，就会只创建一个 MQClientInstance 实例，具体实现代码如下：

```java
public String buildMQClientId() {
    StringBuilder sb = new StringBuilder();
    sb.append(this.getClientIP());

    sb.append("@");
    sb.append(this.getInstanceName());
    if (!UtilAll.isBlank(this.unitName)) {
        sb.append("@");
        sb.append(this.unitName);
    }

    return sb.toString();
}
```

MQClientInstance 实例的功能是管理本实例中全部生产者与消费者的生产和消费行为。下面我们来看一下 org.apache.rocketmq.client.impl.factory.MQClientInstance 类的核心属性，具体代码（篇幅原因，删去了初始化代码）如下：

```java
public class MQClientInstance {
    ...
    private final String clientId;
    private final ConcurrentMap<String/* group */, MQProducerInner> producerTable;
    private final ConcurrentMap<String/* group */, MQConsumerInner> consumerTable;
    private final ConcurrentMap<String/* group */, MQAdminExtInner> adminExtTable;
    ...
    private final MQClientAPIImpl mQClientAPIImpl;
    private final MQAdminImpl mQAdminImpl;
    private final ConcurrentMap<String/* Topic */, TopicRouteData> topicRouteTable;
    ...
    private final ScheduledExecutorService scheduledExecutorService;
    private final ClientRemotingProcessor clientRemotingProcessor;
    private final PullMessageService pullMessageService;
    private final RebalanceService rebalanceService;
    private final DefaultMQProducer defaultMQProducer;
    private final ConsumerStatsManager consumerStatsManager;
}
```

下面给大家解读这段代码：

producerTable：当前 client 实例的全部生产者的内部实例。

consumerTable：当前 client 实例的全部消费者的内部实例。

adminExtTable：当前 client 实例的全部管理实例。

mQClientAPIImpl：其实每个 client 也是一个 Netty Server，也会支持 Broker 访问，这里实现了全部 client 支持的接口。

mQAdminImpl：管理接口的本地实现类。

topicRouteTable：当前生产者、消费者中全部 Topic 的本地缓存路由信息。

scheduledExecutorService：本地定时任务，比如定期获取当前 Namesrv 地址、定期同步 Namesrv 信息、定期更新 Topic 路由信息、定期发送心跳信息给 Broker、定期清理已下线的 Broker、定期持久化消费位点、定期调整消费线程数（这部分源代码被官方删除了）。

clientRemotingProcessor：请求的处理器，从处理方法 processRequest()中我们可以知道目前支持哪些功能接口。

pullMessageService：Pull 服务。

这里为什么会启动用于消费的 Pull 服务呢？这是一个兼容写法。通过查看源代码运行过程，读者就会发现 Pull 服务是由一个状态变量方法 this.isStopped()控制的，这个 stopped 状态变量默认是 False，而 pullRequestQueue 也是空的，所以这里只是启动了 pullMessageService，并没有真正地执行 Pull 操作，相关代码如下：

```
public void run(){
    log.info(this.getServiceName()+"service started");
    while(!this.isStopped()){
        try{
            PullRequest pullRequest=this.pullRequestQueue.take();
            if(pullRequest!=null){
                this.pullMessage(pullRequest);
            }
        } catch(InterruptedException e){
        } catch(Exception e){
            log.error("Pull Message Service Run Method exception",e);
        }
```

```
        }
        log.info(this.getServiceName()+"service end");
    }
```

rebalanceService：重新平衡服务。定期执行重新平衡方法 this.mqClientFactory.doRebalance()。这里的 mqClientFactory 就是 MQClientInstance 实例，通过依次调用 MQClientInstance 中保存的消费者实例的 doRebalance()方法，来感知订阅关系的变化、集群变化等，以达到重新平衡。

consumerStatsManager：消费监控。比如拉取 RT（Response Time，响应时间）、拉取 TPS（Transactions Per Second，每秒处理消息数）、消费 RT 等都可以统计。

MQClientInstance 中还有一些核心方法如下：

```
public class MQClientInstance{
    public void updateTopicRouteInfoFromNameServer() { }
    private void cleanOfflineBroker() { }
    public void checkClientInBroker() throws MQClientException { }
    public void sendHeartbeatToAllBrokerWithLock() { }
    public boolean updateTopicRouteInfoFromNameServer(final String topic) { }
    public boolean updateTopicRouteInfoFromNameServer(final String topic, boolean isDefault,
                                            DefaultMQProducer defaultMQProducer) { }
    public boolean registerConsumer(final String group, final MQConsumerInner consumer) { }
    public void unregisterConsumer(final String group) { }
    public boolean registerProducer(final String group, final DefaultMQProducerImpl producer) {}
    public void unregisterProducer(final String group) { }
    public boolean registerAdminExt(final String group, final MQAdminExtInner admin) { }
    public void unregisterAdminExt(final String group) { }
    public void rebalanceImmediately() { }
    public void doRebalance() { }
    public FindBrokerResult findBrokerAddressInAdmin(final String brokerName) { }
    public String findBrokerAddressInPublish(final String brokerName) { }
    public FindBrokerResult findBrokerAddressInSubscribe(...) { }
    public List<String> findConsumerIdList(final String topic, final String group) { }
    public String findBrokerAddrByTopic(final String topic) { }
    public void resetOffset(String topic, String group, Map<MessageQueue, Long> offsetTable) { }
```

```
        public Map<MessageQueue, Long> getConsumerStatus(String topic, String
group) { }
        public ConcurrentMap<String, TopicRouteData> getTopicRouteTable() { }
        public ConsumeMessageDirectlyResult consumeMessageDirectly() }
        public      ConsumerRunningInfo      consumerRunningInfo(final      String
consumerGroup) { }
    }
```

下面对这些方法逐一进行讲解：

updateTopicRouteInfoFromNameServer：从多个 Namesrv 中获取最新 Topic 路由信息，更新本地缓存。

cleanOfflineBroker：清理已经下线的 Broker。

checkClientInBroker：检查 Client 是否在 Broker 中有效。

sendHeartbeatToAllBrokerWithLock：发送客户端的心跳信息给所有的 Broker。

registerConsumer：在本地注册一个消费者。

unregisterConsumer：取消本地注册的消费者。

registerProducer：在本地注册一个生产者。

unregisterProducer：取消本地注册的生产者。

registerAdminExt：注册一个管理实例。

rebalanceImmediately：立即执行一次 Rebalance。该操作是通过 RocketMQ 的一个 CountDownLatch2 锁来实现的。

doRebalance：对于所有已经注册的消费者实例，执行一次 Rebalance。

findBrokerAddressInAdmin：在本地缓存中查找 Master 或者 Slave Broker 信息。

findBrokerAddressInSubscribe：在本地缓存中查找 Slave Broker 信息。

findBrokerAddressInPublish：在本地缓存中查找 Master Broker 地址。

findConsumerIdList：查找消费者 id 列表。

findBrokerAddrByTopic：通过 Topic 名字查找 Broker 地址。

resetOffset：重置消费位点。

getConsumerStatus：获取一个订阅关系中每个队列的消费进度。

getTopicRouteTable：获取本地缓存 Topic 路由。

consumeMessageDirectly：直接将消息发送给指定的消费者消费，和正常投递不同的是，指定了已经订阅的消费者组中的一个，而不是全部已经订阅的消费者。一般适用于在消费消息后，某一个消费者组想再消费一次的场景。

consumerRunningInfo：获取消费者的消费统计信息。包含消费 RT、消费 TPS 等。

2.3 消息发送流程

RocketMQ 客户端的消息发送通常分为以下 3 层：

业务层：通常指直接调用 RocketMQ Client 发送 API 的业务代码。

消息处理层：指 RocketMQ Client 获取业务发送的消息对象后，一系列的参数检查、消息发送准备、参数包装等操作。

通信层：指 RocketMQ 基于 Netty 封装的一个 RPC 通信服务，RocketMQ 的各个组件之间的通信全部使用该通信层。

总体上讲，消息发送流程首先是 RocketMQ 客户端接收业务层消息，然后通过 DefaultMQProducerImpl 发送一个 RPC 请求给 Broker，再由 Broker 处理请求并保存消息。下面以 DefaultMQProducer.send(Message msg)接口为例讲解发送流程，如图 2-4 所示。

消息发送流程具体分为 3 步：

第一步：调用 defaultMQProducerImpl.send()方法发送消息。

第二步：通过设置的发送超时时间，调用 defaultMQProducerImpl.send()方法发送消息。设置的超时时间可以通过 sendMsgTimeout 进行变更，其默认值为 3s。

第三步：执行 defaultMQProducerImpl.sendDefaultImpl()方法。这是一个公共发送方法，我们先看看入参：

```
private SendResult sendDefaultImpl(
        Message msg,
        final CommunicationMode communicationMode,
        final SendCallback sendCallback,
```

```
        final long timeout
)
```

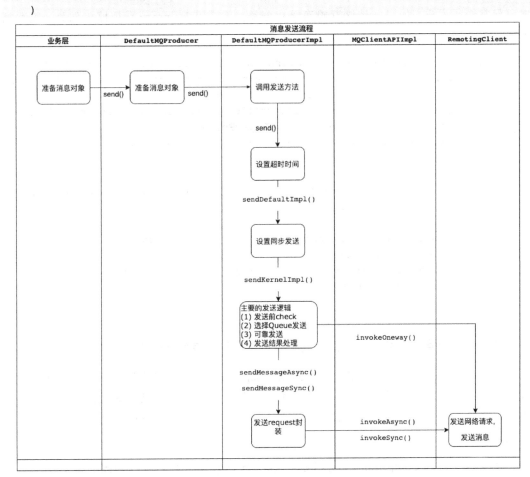

图 2-4

communicationMode：通信模式，同步、异步还是单向。

sendCallback：对于异步模式，需要设置发送完成后的回调。

该方法是发送消息的核心方法，执行过程分为 5 步：

第一步，两个检查：生产者状态、消息及消息内容。没有运行的生产者不能发送消息。消息检查主要检查消息是否为空，消息的 Topic 的名字是否为空或者是否符合规范；消息体大小是否符合要求，最大值为 4MB，可以通过 maxMessageSize 进行设置。

第二步，执行 tryToFindTopicPublishInfo()方法：获取 Topic 路由信息，如果不存在则发出异常提醒用户。如果本地缓存没有路由信息，就通过 Namesrv 获取路由信息，更新到本地，再返回。具体实现代码如下：

```
private TopicPublishInfo tryToFindTopicPublishInfo(final String topic) {
    TopicPublishInfo topicPublishInfo = this.topicPublishInfoTable.get(topic);
    if (null == topicPublishInfo || !topicPublishInfo.ok()) {
        this.topicPublishInfoTable.putIfAbsent(topic, new TopicPublishInfo());
        this.mQClientFactory.updateTopicRouteInfoFromNameServer(topic);
        topicPublishInfo = this.topicPublishInfoTable.get(topic);
    }

    if (topicPublishInfo.isHaveTopicRouterInfo() || topicPublishInfo.ok()) {
        return topicPublishInfo;
    } else {
        this.mQClientFactory.updateTopicRouteInfoFromNameServer(topic, true, this.defaultMQProducer);
        topicPublishInfo = this.topicPublishInfoTable.get(topic);
        return topicPublishInfo;
    }
}
```

第三步，计算消息发送的重试次数，同步重试和异步重试的执行方式是不同的。

第四步，执行队列选择方法 selectOneMessageQueue()。根据队列对象中保存的上次发送消息的 Broker 的名字和 Topic 路由，选择（轮询）一个 Queue 将消息发送到 Broker。我们可以通过 sendLatencyFaultEnable 来设置是否总是发送到延迟级别较低的 Broker，默认值为 False。

第五步，执行 sendKernelImpl()方法。该方法是发送消息的核心方法，主要用于准备通信层的入参（比如 Broker 地址、请求体等），将请求传递给通信层，内部实现是基于 Netty 的，在封装为通信层 request 对象 RemotingCommand 前，会设置 RequestCode 表示当前请求是发送单个消息还是批量消息。具体实现代码如下：

```
if (sendSmartMsg || msg instanceof MessageBatch) {
    SendMessageRequestHeaderV2 requestHeaderV2 =
    SendMessageRequestHeaderV2.createSendMessageRequestHeaderV2(requestHeader);
    request = RemotingCommand.createRequestCommand(msg instanceof MessageBatch ?
      RequestCode.SEND_BATCH_MESSAGE:RequestCode.SEND_MESSAGE_V2, requestHeaderV2);
} else {
    request = RemotingCommand.createRequestCommand(RequestCode.SEND_MESSAGE,
```

```
requestHeader);
    }
```

Netty 本身是一个异步的网络通信框架，怎么实现同步的调用呢？我们可以通过 org.apache.rocketmq.remoting.netty.NettyRemotingAbstract.invokeSyncImpl() 方法来实现同步的调用，具体实现代码如下：

```
    final int opaque = request.getOpaque();
    final ResponseFuture responseFuture = new ResponseFuture(opaque, timeoutMillis, null, null);
    this.responseTable.put(opaque, responseFuture);
    channel.writeAndFlush(request).addListener(new ChannelFutureListener() {
        @Override
        public void operationComplete(ChannelFuture f) throws Exception {
            if (f.isSuccess()) {//只要返回成功，就会在回调方法 operationComplete()执行前释放锁
                responseFuture.setSendRequestOK(true);
                return;
            } else {
                responseFuture.setSendRequestOK(false);
            }
            responseTable.remove(opaque);
            responseFuture.setCause(f.cause());
            responseFuture.putResponse(null);//释放锁
            log.warn("send a request command to channel <" + addr + "> failed.");
        }
    });
    RemotingCommand responseCommand = responseFuture.waitResponse(timeoutMillis);
    ...
    return responseCommand;
```

在每次发送同步请求后，程序会执行 waitResponse() 方法，直到 Netty 接收 Broker 的返回结果，相关代码如下：

```
    public RemotingCommand waitResponse(final long timeoutMillis) throws InterruptedException {
        this.countDownLatch.await(timeoutMillis,TimeUnit.MILLISECONDS);
        return this.responseCommand;
    }
```

然后，通过 putResponse() 方法释放锁，让请求线程同步返回。

异步发送时有很多 request，每个 response 返回后怎么与 request 进行对应呢？这里面有一个关键参数——opaque，RocketMQ 每次发送同步请求前都会为一个 request 分配一个 opaque，这是一个原子自增的 id，一个 response 会以 opaque 作为 key 保存在 responseTable 中，这样用 opaque 就将 request 和 response 连接起来了。

无论请求发送成功与否，都执行 updateFaultItem()方法，这就是在第三步中讲的总是发送到延迟级别较低的 Broker 的逻辑。

2.4 发送消息最佳实践

2.4.1 发送普通消息

普通消息，也叫并发消息，是发送效率最高、使用场景最多的一类消息。发送普通消息的代码如下：

```java
public class Producer {
    public static void main(String[] args) throws Exception {
        //第一步
        DefaultMQProducer producer = new DefaultMQProducer("ProducerGroupName");
        //第二步
        producer.setNamesrvAddr("Your RocketMQ Namesrv addresses");
        producer.setRetryTimesWhenSendAsyncFailed(2);
        producer.start();
        //第三步
        Message msg = new Message("TopicTest",
            "TagA",
            "OrderID188",
            "Hello world".getBytes(RemotingHelper.DEFAULT_CHARSET));
        SendResult sendResult = producer.send(msg);
        System.out.printf("%s%n", sendResult);
        //第四步
        producer.shutdown();
    }
}
```

2.4.2 发送顺序消息

同步发送消息时，根据 HashKey 将消息发送到指定的分区中，每个分区中的消息都是按照发送顺序保存的，即分区有序。如果 Topic 的分区被设置为 1，这个 Topic 的消息就是全局有序的。注意，顺序消息的发送必须是单线程，多线程将不再有序。顺序消息的消费和普通消息的消费方式不同，后面会详细讲解。

下面来看一下发送顺序消息的实现代码：

```java
public class Producer {
    public static void main(String[] args) throws Exception {
        //第一步：初始化生产者，配置生产者参数，启动生产者
        MQProducer producer = new DefaultMQProducer("please_rename_unique_group_name");
        producer.start();
        //第二步：初始化消息对象
        Message msg = new Message("Topic名字", "消息过滤词", ("Hello RocketMQ ")
                .getBytes(RemotingHelper.DEFAULT_CHARSET));
        Integer hashKey = 123;
        //第三步：核心操作 MessageQueueSelector，根据 hashKey 选择当前消息发送到哪个分区中
        SendResult sendResult = producer.send(msg, new MessageQueueSelector() {
            @Override
            public MessageQueue select(List<MessageQueue> mqs, Message msg, Object arg) {
                Integer id = (Integer) arg;
                int index = id % mqs.size();
                return mqs.get(index);
            }
        }, hashKey);
        producer.shutdown();
    }
}
```

2.4.3 发送延迟消息

生产者发送消息后，消费者在指定时间才能消费消息，这类消息被称为延迟消息或定时消息。生产者发送延迟消息前需要设置延迟级别，目前开源版本支持 18 个延迟级别：

```
1s 5s 10s 30s 1m 2m 3m 4m 5m 6m 7m 8m 9m 10m 20m 30m 1h 2h
```

Broker 在接收用户发送的消息后，首先将消息保存到名为 SCHEDULE_TOPIC_XXXX 的 Topic 中。此时，消费者无法消费该延迟消息。然后，由 Broker 端的定时投递任务定时投递给消费者。

保存延迟消息的实现逻辑见 org.apache.rocketmq.store.schedule.ScheduleMessageService 类。按照配置的延迟级别初始化多个任务，每秒执行一次。如果消息投递满足时间条件，那么将消息投递到原始的 Topic 中。消费者此时可以消费该延迟消息。

生产者代码中怎么设置延迟级别呢？相关代码如下：

```
 Message msg = new Message("Topic 名字", "消息过滤词", ("Hello RocketMQ ").getBytes(RemotingHelper.DEFAULT_CHARSET));
 msg.setDelayTimeLevel(4);
```

2.4.4 发送事务消息

事务消息的发送、消费流程和延迟消息类似，都是先发送到对消费者不可见的 Topic 中。当事务消息被生产者提交后，会被二次投递到原始 Topic 中，此时消费者正常消费。事务消息的发送具体分为以下两个步骤。

第一步：用户发送一个 Half 消息到 Broker，Broker 设置 queueOffset=0，即对消费者不可见。

第二步：用户本地事务处理成功，发送一个 Commit 消息到 Broker，Broker 修改 queueOffset 为正常值，达到重新投递的目的，此时消费者可以正常消费；如果本地事务处理失败，那么将发送一个 Rollback 消息给 Broker，Broker 将删除 Half 消息，如图 2-5 所示。

有读者可能会有疑问：如果生产者忘记了提交或回滚，那么 Broker 怎么处理 Half 消息呢？

Broker 会定期回查生产者，确认生产者本地事务的执行状态，再决定是提交、回滚还是删除 Half 消息。

第 2 章 RocketMQ 的生产者原理和最佳实践

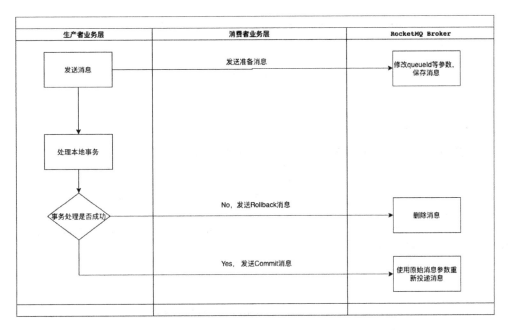

图 2-5

下面介绍如何初始化事务消息生产者,代码如下:

```
//第一步:初始化事务消息生产者
TransactionMQProducer producer = new TransactionMQProducer("please_rename_unique_group_name");
//第二步:配置生产者的各个参数和 Broker 回调,检查本地事务处理并启动生产者
producer.setCheckThreadPoolMinSize(2);
producer.setCheckThreadPoolMaxSize(2);
producer.setCheckRequestHoldMax(2000);
producer.setTransactionCheckListener(new TransactionCheckListener() {
    private AtomicInteger transactionIndex = new AtomicInteger(0);
    @Override
    public LocalTransactionState checkLocalTransactionState(MessageExt msg) {
        System.out.printf("server checking TrMsg %s%n", msg);

        int value = transactionIndex.getAndIncrement();
        if ((value % 6) == 0) {
            throw new RuntimeException("Could not find db");
        } else if ((value % 5) == 0) {
            return LocalTransactionState.ROLLBACK_MESSAGE;
        } else if ((value % 4) == 0) {
```

```
            return LocalTransactionState.COMMIT_MESSAGE;
        }

        return LocalTransactionState.UNKNOW;
    }
});
producer.start();
```

下面是执行本地事务和发送事务消息代码的实现代码：

```
//第三步：设置本地事务处理器，发送消息
Message msg = new Message("TopicTest", "tags", "KEY", ("Hello RocketMQ " +
System.currentTimeMillis()).getBytes(RemotingHelper.DEFAULT_CHARSET));
SendResult    sendResult   =   producer.sendMessageInTransaction(msg,   new
LocalTransactionExecuter() {
    private AtomicInteger transactionIndex = new AtomicInteger(1);

    @Override
    public LocalTransactionState executeLocalTransactionBranch(final Message
msg, final Object arg) {
        int value = transactionIndex.getAndIncrement();

        if (value == 0) {
            throw new RuntimeException("Could not find db");
        } else if ((value % 5) == 0) {
            return LocalTransactionState.ROLLBACK_MESSAGE;
        } else if ((value % 4) == 0) {
            return LocalTransactionState.COMMIT_MESSAGE;
        }

        return LocalTransactionState.UNKNOW;
    }
}, null);
System.out.printf("%s%n", sendResult);
```

2.4.5 发送单向消息

单向消息的生产者只管发送过程，不管发送结果。单项消息主要用于日志传输等消息允许丢失的场景，常用的发送代码如下：

```
public class Producer {
```

```
public static void main(String[] args) throws Exception {
    DefaultMQProducer producer = new DefaultMQProducer("ProducerGroupName");
    producer.setNamesrvAddr("127.0.0.1:9876;127.0.0.2:9876");
    producer.setInstanceName("instance name");
    producer.start();

    Message msg = new Message("TopicTest",
            "TagA",
            "OrderID188",
            "Hello world".getBytes(RemotingHelper.DEFAULT_CHARSET));
    producer.sendOneway(msg);
}
}
```

2.4.6 批量消息发送

批量消息发送能提高发送效率,提升系统吞吐量。批量消息发送有以下 3 点注意事项:

(1)消息最好小于 1MB。

(2)同一批批量消息的 Topic、waitStoreMsgOK 属性必须一致。

(3)批量消息不支持延迟消息。

批量发送实现代码如下:

```
public static void main(String[] args) throws Exception {
    DefaultMQProducer producer = new DefaultMQProducer("BatchProducerGroupName");
    producer.start();
    String topic = "BatchTest";
    List<Message> messages = new ArrayList<>();
    messages.add(new Message(topic, "Tag", "OrderID001", "Hello world 0".getBytes()));
    messages.add(new Message(topic, "Tag", "OrderID002", "Hello world 1".getBytes()));
    messages.add(new Message(topic, "Tag", "OrderID003", "Hello world 2".getBytes()));

    producer.send(messages);
    producer.shutdown();
}
```

2.5 生产者最佳实践总结

相对消费者而言,生产者的使用更加简单,一般读者主要关注消息类型、消息发送方法和发送参数,即可正常使用 RocketMQ 发送消息。

在实际使用时如何选择消息类型和消费发送方法呢?笔者在这里总结了常用的消息类型、消息发送方法、发送基本参数,方便大家参考。

常用消息类型如表 2-1 所示。

表 2-1

消息类型	优 点	缺 点	备 注
普通消息(并发消息)	性能最好。单机 TPS 的级别为 100 000	消息的生产和消费都无序	大部分场景适用
分区有序消息	单分区中消息有序,单机发送 TPS 万级别	单点问题。如果 Broker 宕机,则会导致发送失败	大部分有序消息场景适用
全局有序消息	类似传统的 Queue,全部消息有序,单机发送 TPS 千级别	单点问题。如果 Broker 宕机,则会导致发送失败	极少场景使用
延迟消息	RocketMQ 自身支持,不需要额外使用组件,支持延迟特性	不能根据任意时间延迟,使用范围受限。Broker 随着延迟级别增大支持越多,CPU 压力越大,延迟时间不准确	非精确、延迟级别不多的场景,非常方便使用
事务消息	RocketMQ 自身支持,不需要额外使用组建支持事务特性	RocketMQ 事务是生产者事务,只有生产者参与,如果消费者处理失败则事务失效	简单事务处理可以使用

常用的发送方法如表 2-2 所示。

表 2-2

发送方法	优 点	缺 点	备 注
send(Message msg) 同步发送	最可靠	性能最低	适用于高可靠场景
send(SendCallback sendCallback) 异步发送	可靠,性能最高	如果发送失败,就需要考虑如何降级	大部分业务场景

续表

发送方法	优点	缺点	备注
send(Message msg, MessageQueue mq) 指定队列发送	可以发送顺序消息	单点故障后不可用	适用于顺序消息
send(Message msg, MessageQueueSelector selector, Object arg) 执行队列发送	队列选择方法最灵活	比较低级的接口，使用有门槛	特殊场景
sendOneway(Message msg) 单向发送	使用最方便	消息有丢失风险	适用于对消息丢失不敏感的场景
send(Collection<Message> msgs) 批量发送	效率最高	发送失败后降级比较困难	适用于特殊场景

常用参数如表 2-3 所示。

表 2-3

参 数 名	含 义	备 注
producerGroup	生产者组	必须传入的参数
compressMsgBodyOverHowmuch	消息体数量超过该值则压缩消息	
instanceName	生产者实例名	
maxMessageSize	消息体的最大值	默认为 4MB，也可以单独设置
retryTimesWhenSendAsyncFailed	异步发送失败的重试次数	
retryTimesWhenSendFailed	同步发送失败的重试次数	
sendMsgTimeout	发送超时时间	网络层的超时时间

第 3 章
RocketMQ 的消费流程和最佳实践

消费者是相对第 2 章的生产者而言的，逻辑更加复杂。

本章主要讲解的核心内容有：

- 消费者默认的两个实现类。
- 消费者的启动过程。
- 消息的消费过程。
- 可靠消费。
- 消费进度保存过程。
- 消息过滤。

3.1 消费者概述

消费者一般指获取消息、转发消息给业务代码处理的一系列代码实现。在 RocketMQ 中，消费行为是如何进行的呢？本节将详细讲述。

3.1.1 消费流程

RocketMQ 消费者支持订阅发布模式和 Queue 模式。下面以集群模式消费为例，描述生产、消费是如何进行的，如图 3-1 所示。

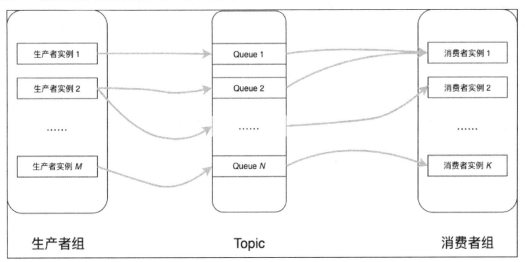

图 3-1

先来看一下图 3-1 中与消费者相关的名词：

消费者组：一个逻辑概念，在使用消费者时需要指定一个组名。一个消费者组可以订阅多个 Topic。

消费者实例：一个消费者组程序部署了多个进程，每个进程都可以称为一个消费者实例。

订阅关系：一个消费者组订阅一个 Topic 的某一个 Tag，这种记录被称为订阅关系。RocketMQ 规定消费订阅关系（消费者组名-Topic-Tag）必须一致——在此，笔者想提醒读者，一定要重视这个问题，一个消费者组中的实例订阅的 Topic 和 Tag 必须完全一致，否则就是订阅关系不一致。订阅关系不一致会导致消费消息紊乱。

3.1.2 消费模式

RocketMQ 目前支持集群消费模式和广播消费模式，其中集群消费模式使用最为广泛。

1. 集群消费模式

在同一个消费者组中的消费者实例，是负载均衡（策略可以配置）地消费 Topic 中的消息，假如有一个生产者（Producer）发送了 120 条消息，其所属的 Topic 有 3 个消费者（Consumer）组，每个消费者组设置为集群消费，分别有 2 个消费者实例，如图 3-2 所示。

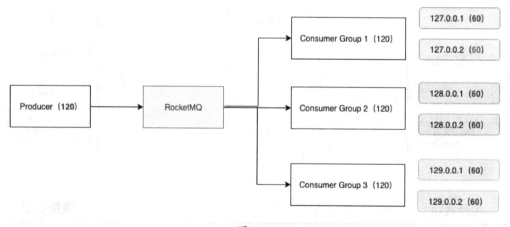

图 3-2

Consumer Group 1 的两个实例 127.0.0.1 和 127.0.0.2 分别负载均衡地消费 60 条消息。由此我们可以得出使用负载均衡策略时，每个消费者实例消费消息数=生产消息数/消费者实例数，在本例中是 60=120/2。

目前大部分场景都适合集群消费模式，RocketMQ 的消费模式默认是集群消费。比如异步通信、削峰等对消息没有顺序要求的场景都适合集群消费。因为集群模式的消费进度是保存在 Broker 端的，所以即使应用崩溃，消费进度也不会出错。

2. 广播消费模式

广播消费，顾名思义全部的消息都是广播分发，即消费者组中的全部消费者实例将消费整个 Topic 的全部消息。比如，有一个生产者生产了 120 条消息，其所属的 Topic 有 3 个消费者组，每个消费者组设置为广播消费，分别有两个消费者实例，如图 3-3 所示。

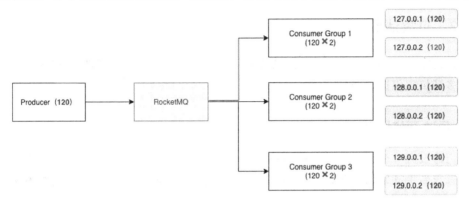

图 3-3

Consumer Group 1 中的消费者 127.0.0.1 和消费者 127.0.0.2 分别消费 120 条消息。整个消费者组收到消息 120 × 2=240 条。由此我们可以得出广播消费时，每个消费者实例的消费消息数=生产者生产的消息数，整个消费者组中所有实例消费消息数=每个消费者实例消费消息数×消费者实例数，本例中是 240= 120 × 2。

广播消费比较适合各个消费者实例都需要通知的场景，比如刷新应用服务器中的缓存，如图 3-4 所示。

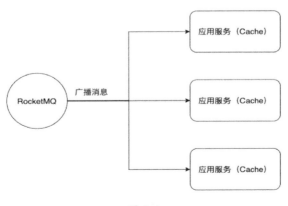

图 3-4

生产者发一个刷新缓存的广播消息，消费者组如果设置为广播消费，那么每个应用服务中的消费者都可以消费这个消息，也都能刷新缓存。

广播消费的消费进度保存在客户端机器的文件中。如果文件弄丢了，那么消费进度就丢失了，可能会导致部分消息没有消费。

3.1.3 可靠消费

RocketMQ 是一种十分可靠的消息队列中间件，消费侧通过重试-死信机制、Rebalance机制等多种机制保证消费的可靠性。

1. 重试-死信机制

我们假设有一个场景，在消费消息时由于网络不稳定导致一条消息消费失败。此时是让生产者重新手动发消息呢，还是自己做数据补偿？RocketMQ 告诉你，消费不是一锤子买卖。

横向看，RocketMQ 的消费过程分为 3 个阶段：正常消费、重试消费和死信。在引进了正常 Topic、重试队列、死信队列后，消费过程的可靠性提高了。RocketMQ 的消费流程如图 3-5 所示。

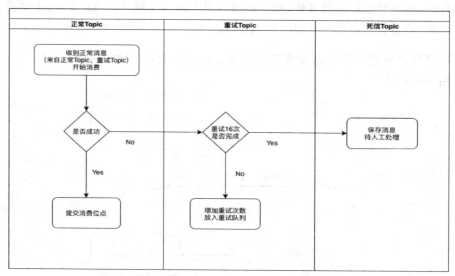

图 3-5

正常 Topic：正常消费者订阅的 Topic 名字。

重试 Topic：如果由于各种意外导致消息消费失败，那么该消息会自动被保存到重试 Topic 中，格式为"%RETRY%消费者组"，在订阅的时候会自动订阅这个重试 Topic。

进入重试队列的消息有 16 次重试机会，每次都会按照一定的时间间隔进行，如表 3-1 所示。RocketMQ 认为消费不是一锤子买卖，可能由于各种偶然因素导致正常消费失败，只要正常消费或者重试消费中有一次消费成功，就算消费成功。

表 3-1

第几次重试	与上次重试的间隔时间	第几次重试	与上次重试的间隔时间
1	10 秒	9	7 分钟
2	30 秒	10	8 分钟
3	1 分钟	11	9 分钟
4	2 分钟	12	10 分钟
5	3 分钟	13	20 分钟
6	4 分钟	14	30 分钟
7	5 分钟	15	1 小时
8	6 分钟	16	2 小时

死信 Topic：死信 Topic 名字格式为"%DLQ%消费者组名"。如果正常消费 1 次失败，重试 16 次失败，那么消息会被保存到死信 Topic 中，进入死信 Topic 的消息不能被再次消费。RocketMQ 认为，如果 17 次机会都失败了，说明生产者发送消息的格式发生了变化，或者消费服务出现了问题，需要人工介入处理。

彩蛋：如果有一天你的数据消费失败，发现是因为消费代码有 bug，修复后再上线，想补偿之前消费失败的死信数据，怎么办呢？

2. Rebalance 机制

Rebalance（重平衡）机制，用于在发生 Broker 掉线、Topic 扩容和缩容、消费者扩容和缩容等变化时，自动感知并调整自身消费，以尽量减少甚至避免消息没有被消费。后面会详细讲述 Rebalance 的过程。

3.2 消费者启动机制

RocketMQ 客户端中有两个独立的消费者实现类：org.apache.rocketmq.client.consumer.DefaultMQPullConsumer 和 org.apache.rocketmq.client.consumer.DefaultMQPushConsumer。下面将分别进行介绍。

1. DefaultMQPullConsumer

该消费者使用时需要用户主动从 Broker 中 Pull 消息和消费消息，提交消费位点。DefaultMQPullConsumer 的类图继承关系如图 3-6 所示。

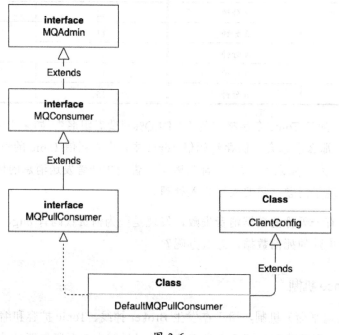

图 3-6

可以看到，DefaultMQPullConsumer 实现时包含消费者的操作和属性配置，这是一个典型的类对象设计。下面我们介绍一些核心属性和方法。

以下是一些核心属性：

namesrvAddr：继承自 ClientConfig，表示 RocketMQ 集群的 Namesrv 地址，如果是多个，则用分号分开。比如：127.0.0.1:9876;127.0.0.2:9876。

clientIP：使用客户端的程序所在机器的 IP 地址，目前支持 IPV4 和 IPV6，同时排除了本地环回地址（127.0.xxx.xxx）和私有内网地址（192.168.xxx.xxx）。如果在 Docker 中运行，获取的 IP 地址是容器所在的 IP 地址，而非宿主主机的 IP 地址。

instanceName：实例名，顾名思义每个实例都需要取不一样的名字。假如要在同一个机器上部署多个程序进程，那么每个进程的实例名都必须不相同，否则程序会启动失败。

vipChannelEnabled：这是一个 boolean 值，表示是否开启 VIP 通道。VIP 通道和非 VIP 通道的区别是使用不同的端口号进行通信。

clientCallbackExecutorThreads：客户端回调线程数。该线程数等于 Netty 通信层回调线程的个数，默认值为 Runtime.getRuntime().availableProcessors()，表示当前有效的 CPU 个数。

pollNameServerInterval：获取 Topic 路由信息间隔，单位为 ms，默认为 30 000ms。

heartbeatBrokerInterval：客户端和 Broker 心跳间隔，单位为 ms，默认为 30 000ms。

persistConsumerOffsetInterval：持久化消费位点时间间隔，单位为 ms，默认为 5000ms。

defaultMQPullConsumerImpl：默认 Pull 消费者的具体实现。

consumerGroup：消费者组名字。

brokerSuspendMaxTimeMillis：在长轮询模式下，Broker 的最大挂起请求时间，建议不要修改此值。

consumerTimeoutMillisWhenSuspend：在长轮询模式下，消费者的最大请求超时时间，必须比 brokerSuspendMaxTimeMillis 大，不建议修改。

consumerPullTimeoutMillis：消费者 Pull 消息时 Socket 的超时时间。

messageModel：消费模式，现在支持集群模式消费和广播模式消费。

messageQueueListener：消息路由信息变化时回调处理监听器，一般在重新平衡时会被调用。

offsetStore：位点存储模块。集群模式位点会持久化到 Broker 中，广播模式持久化到本地文件中，位点存储模块有两个实现类：RemoteBrokerOffsetStore 和 LocalFileOffsetStore。

allocateMessageQueueStrategy：消费 Queue 分配策略管理器。

maxReconsumeTimes：最大重试次数，可以配置。

下面介绍一些核心方法。由于生产者和消费者都继承了 MQAdmin 接口，所以管理相关的接口都是一样的，不再赘述。

registerMessageQueueListener()：注册队列变化监听器，当队列发生变化时会被监听到。

pull()：从 Broker 中 Pull 消息，如果有 PullCallback 参数，则表示异步拉取。

pullBlockIfNotFound()：长轮询方式拉取。如果没有拉取到消息，那么 Broker 会将请求 Hold 住一段时间。

updateConsumeOffset(final MessageQueue mq,final long offset)：更新某一个 Queue 的消费位点。

fetchConsumeOffset(final MessageQueue mq, final boolean fromStore)：查找某个 Queue 的消费位点。

sendMessageBack(MessageExt msg, int delayLevel, String brokerName, String consumerGroup)：如果消费发送失败，则可以将消息重新发回给 Broker，这个消费者组延迟一段时间后可以再消费（也就是重试）。

fetchSubscribeMessageQueues(final String topic)：获取一个 Topic 的全部 Queue 信息。

2. DefaultMQPushConsumer

DefaultMQPushConsumer 的大部分属性、方法和 DefaultMQPullConsumer 是一样的。下面介绍一下 DefaultMQPushConsumer 的核心属性和方法。

defaultMQPushConsumerImpl：默认的 Push 消费者具体实现类。

consumeFromWhere：一个枚举，表示从什么位点开始消费。

（1）CONSUME_FROM_LAST_OFFSET：从上次消费的位点开始消费，相当于断点继续。

（2）CONSUME_FROM_LAST_OFFSET_AND_FROM_MIN_WHEN_BOOT_FIRST：RoketMQ 4.2.0 不支持，处理同 CONSUME_FROM_LAST_OFFSET。

（3）CONSUME_FROM_MIN_OFFSET：RoketMQ 4.2.0 不支持，处理同 CONSUME_FROM_LAST_OFFSET。

（4）CONSUME_FROM_MAX_OFFSET：RoketMQ 4.2.0 不支持，处理同 CONSUME_FROM_LAST_OFFSET。

（5）CONSUME_FROM_FIRST_OFFSET：从 ConsumeQueue 的最小位点开始消费。

（6）CONSUME_FROM_TIMESTAMP：从指定时间开始消费。

consumeTimestamp：表示从哪一时刻开始消费，格式为 yyyyMMDDHHmmss，默认为半小时前。当 consumeFromWhere=CONSUME_FROM_TIMESTAMP 时，consumeTimestamp 设置的值才生效。

allocateMessageQueueStrategy：消费者订阅 topic-queue 策略。

subscription：订阅关系，表示当前消费者订阅了哪些 Topic 的哪些 Tag。

messageListener：消息 Push 回调监听器。

consumeThreadMin：最小消费线程数，必须小于 consumeThreadMax。

consumeThreadMax：最大线程数，必须大于 consumeThreadMin。

adjustThreadPoolNumsThreshold：动态调整消费线程池的线程数大小，开源版本不支持该功能。

consumeConcurrentlyMaxSpan：并发消息的最大位点差。如果 Pull 消息的位点差超过该值，拉取变慢。

pullThresholdForQueue：一个 Queue 能缓存的最大消息数。超过该值则采取拉取流控措施。

pullThresholdSizeForQueue：一个 Queue 最大能缓存的消息字节数，单位是 MB。

pullThresholdForTopic：一个 Topic 最大能缓存的消息数。超过该值则采取拉取流控措施。该字段默认值是-1，该值根据 pullThresholdForQueue 的配置决定是否生效，pullThresholdForTopic 的优先级低于 pullThresholdForQueue。

pullThresholdSizeForTopic：一个 Topic 最大能缓存的消息字节数，单位是 MB。默认为-1，结合 pullThresholdSizeForQueue 配置项生效，该配置项的优先级低于 pullThresholdSizeForQueue。

pullInterval：拉取间隔，单位为 ms。

consumeMessageBatchMaxSize：消费者每次批量消费时，最多消费多少条消息。

pullBatchSize：一次最多拉取多少条消息。

postSubscriptionWhenPull：每次拉取消息时是否更新订阅关系，该方法的返回值默认为 False。

maxReconsumeTimes：最大重试次数，该函数返回值默认为-1，表示默认最大重试次数为 16。

suspendCurrentQueueTimeMillis：为短轮询场景设置的挂起时间，比如顺序消息场景。

consumeTimeout：消费超时时间，单位为 min，默认值为 15min。

上面主要讲了 RocketMQ 默认的两种消费者的核心属性和方法，下面来看一下它们是如何启动的。

DefaultMQPullConsumer 的启动流程如图 3-7 所示。

业务代码通常使用构造函数初始化一个 DefaultMQPullConsumer 实例，设置各种参数，比如 Namesrv 地址、消费者组名等。然后调用 start()方法启动 defaultMQPullConsumerImpl 实例。我们这里主要讲 defaultMQPullConsumerImpl.start()方法中的启动过程，具体步骤如下：

第一步：最初创建 defaultMQPullConsumerImpl 时的状态为 ServiceState.CREATE_JUST，然后设置消费者的默认启动状态为失败。

第 3 章 RocketMQ 的消费流程和最佳实践

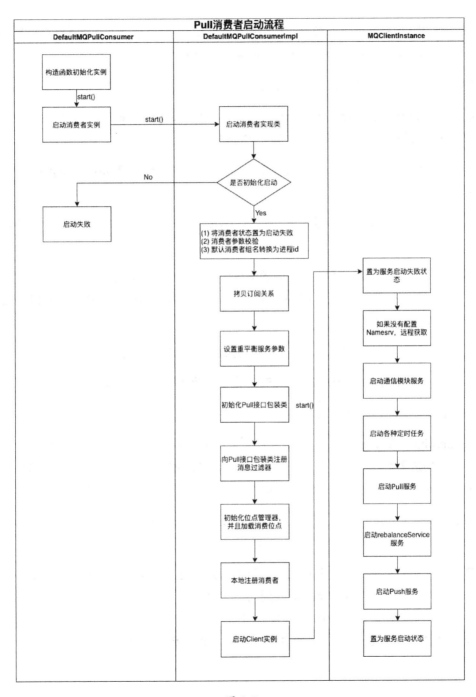

图 3-7

第二步：检查消费者的配置比，如消费者组名、消费类型、Queue 分配策略等参数是否符合规范；将订阅关系数据发给 Rebalance 服务对象。

第三步：校验消费者实例名，如果是默认的名字，则更改为当前的程序进程 id。

第四步：获取一个 MQClientInstance，如果 MQClientInstance 已经初始化，则直接返回已初始化的实例。这是核心对象，每个 clientId 缓存一个实例。

第五步：设置 Rebalance 对象消费者组、消费类型、Queue 分配策略、MQClientInstance 等参数。

第六步：对 Broker API 的封装类 pullAPIWrapper 进行初始化，同时注册消息，过滤 filter。

第七步：初始化位点管理器，并加载位点信息。位点管理器分为本地管理和远程管理两种，集群消费时消费位点保存在 Broker 中，由远程管理器管理；广播消费时位点存储在本地，由本地管理器管理。

第八步：本地注册消费者实例，如果注册成功，则表示消费者启动成功。

第九步：启动 MQClientInstance 实例。具体启动过程见 2.2 节。

DefaultMQPushConsumer 的启动过程如图 3-8 所示。

DefaultMQPushConsumer 的启动过程与 DefaultMQPullConsumer 的启动过程类似，用户也是通过构造函数初始化，依次调用 DefaultMQPushConsumer 的 start 方法和其内部实现类 DefaultMQPushConsumerImpl 的 start() 方法，开启整个启动过程的。

DefaultMQPushConsumer 的启动过程分为 11 个步骤，前 7 个步骤与 DefaultMQPullConsumer 的步骤类似，不再赘述。

第八步：初始化消费服务并启动。之所以用户"感觉"消息是 Broker 主动推送给自己的，是因为 DefaultMQPushConsumer 通过 Pull 服务将消息拉取到本地，再通过 Callback 的形式，将本地消息 Push 给用户的消费代码。DefaultMQPushConsumer 与 DefaultMQPullConsumer 获取消息的方式一样，本质上都是拉取。

第 3 章　RocketMQ 的消费流程和最佳实践

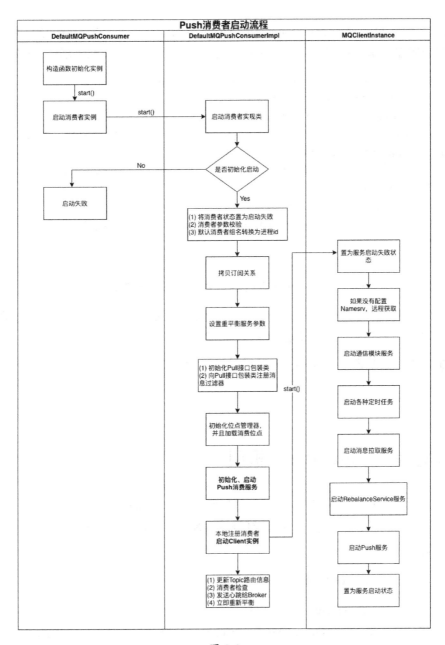

图 3-8

消费服务分为两种，即并行消费服务和顺序消费服务，对应的实现类分别是 org.apache.rocketmq.client.impl.consumer.ConsumeMessageConcurrentlyService 和 org.apache.

rocketmq.client.impl.consumer.ConsumeMessageOrderlyService 。 DefaultMQPushConsumer 根据用户监听器继承的不同接口初始化不同的消费服务程序，具体的实现代码如下：

```
if (this.getMessageListenerInner() instanceof MessageListenerOrderly) {
    this.consumeOrderly = true;
    this.consumeMessageService =
        new ConsumeMessageOrderlyService(this, (MessageListenerOrderly)
this.getMessageListenerInner());
} else if (this.getMessageListenerInner() instanceof MessageListenerConcurrently) {
    this.consumeOrderly = false;
    this.consumeMessageService =
        new ConsumeMessageConcurrentlyService(this, (MessageListenerConcurrently)
this.getMessageListenerInner());
}
```

第九步：启动 MQClientInstance 实例。具体启动过程见 2.1.3 节。

第十步：更新本地订阅关系和路由信息；通过 Broker 检查是否支持消费者的过滤类型；向集群中的所有 Broker 发送消费者组的心跳信息。

第十一步：立即执行一次 Rebalance，Rebalance 过程我们在下一节中详细讲解。

3.3 消费者的 Rebalance 机制

客户端是通过 Rebalance 服务做到高可靠的。当发生 Broker 掉线、消费者实例掉线、Topic 扩容等各种突发情况时，消费者组中的消费者实例是怎么重平衡，以支持全部队列的正常消费的呢？

我们先看看 Rebalance 服务的类图，如图 3-9 所示。

如图 3-9 所示，RebalancePullImpl 和 RebalancePushImpl 两个重平衡实现类，分别被 DefaultMQPullConsumer 和 DefaultMQPushConsumer 使用。下面讲一下 RebalanceImpl 的核心属性和方法。

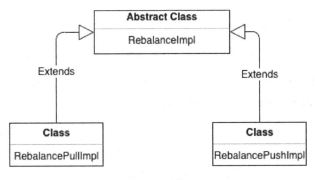

图 3-9

1. RebalanceImpl 的核心属性

ConcurrentMap<MessageQueue, ProcessQueue> processQueueTable：记录 MessageQueue 和 ProcessQueue 的关系。MessageQueue 可以简单地理解为 ConsumeQueue 的客户端实现；ProcessQueue 是保存 Pull 消息的本地容器。

ConcurrentMap<String, Set<MessageQueue>> topicSubscribeInfoTable：Topic 路由信息。保存 Topic 和 MessageQueue 的关系。

ConcurrentMap<String /*topic */,SubscriptionData> subscriptionInner：真正的订阅关系，保存当前消费者组订阅了哪些 Topic 的哪些 Tag。

AllocateMessageQueueStrategy allocateMessageQueueStrategy：MessageQueue 消费分配策略的实现。

MQClientInstance mQClientFactory：client 实例对象，具体讲解见 4.1.3 节。

2. RebalanceImpl 核心方法

boolean lock(final MessageQueue mq)：为 MessageQueue 加锁。

void doRebalance(final boolean isOrder)：执行 Rebalance 操作。

void messageQueueChanged(final String topic, final Set<MessageQueue> mqAll,final Set<MessageQueue> mqDivided)：通知 Message 发生变化，这个方法在 Push 和 Pull 两个类中被重写。

**boolean removeUnnecessaryMessageQueue(final MessageQueue mq, final ProcessQueue pq)：去掉不再需要的 MessageQueue。

void dispatchPullRequest(final List<PullRequest> pullRequestList)：执行消息拉取请求。

boolean updateProcessQueueTableInRebalance(final String topic, final Set<MessageQueue> mqSet, final boolean isOrder)：在 Rebalance 中更新 processQueue。

RebalanceImpl、RebalancePushImpl、RebalancePullImpl 是 Rebalance 的核心实现，主要逻辑都在 RebalanceImpl 中，因为 Pull 消费者和 Push 消费者对 Rebalance 的需求不同，在各自的实现中重写了部分方法，以满足自身需求。

如果有一个消费者实例下线了，Broker 和其他消费者是怎么做 Rebalance 的呢？图 3-10 展示了整个 Rebalance 的过程。

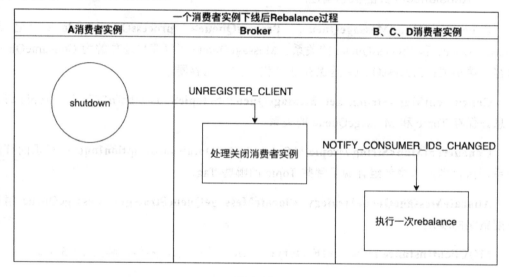

图 3-10

这里我们主要讲消费者实例在收到 Broker 通知后是怎么执行 Rebalance 的。这个操作是通过调用 MQClientInstance.rebalanceImmediately() 来实现的。具体实现代码如下：

```
public void rebalanceImmediately() {
    this.rebalanceService.wakeup();
}
```

这种设计是 RocketMQ 中典型的锁方式，执行 wakeup 命令后，this.waitForRunning(waitInterval) 就会暂停，再执行 this.mqClientFactory.doRebalance()，具体代码如下：

```
@Override
public void run() {
    log.info(this.getServiceName() + " service started");
    while (!this.isStopped()) {
        this.waitForRunning(waitInterval);
        this.mqClientFactory.doRebalance();
    }
    log.info(this.getServiceName() + " service end");
}
```

下面介绍一下 doRebalance()方法的实现逻辑，主要有以下几个步骤。第一步：查找当前 clientId 对应的全部的消费者组，全部执行一次 Rebalance。虽然消费者实现分为 Pull 消费和 Push 消费两种默认实现，调用的是不同实现类中的 Rebalance 方法，但是实现逻辑都差不多，下面笔者将以 Push 消费者为例继续讲解。

第二步：判断 Rebalance 开关，如果没有被暂停，则调用 RebalancePushImpl.rebalance()方法。

第三步：在 RebalancePushImpl.rebalance()方法中，获取当前消费者全部订阅关系中的 Topic，循环对每个 Topic 进行 Rebalance。待全部的 Rebalance 都执行完后，将不属于当前消费者的队列删除。

第四步：Topic 队列重新分配。这里也就是客户端 Rebalance 的核心逻辑之处。根据是集群消费还是广播消费分别执行 MessageQueue 重新分配的逻辑。下面以集群消费为例进行讲解。

（1）获取当前 Topic 的全部 MessageQueue（代码中是 mqSet）和该 Topic 的所有消费者的 clientId（代码中是 cidAll）。只有当两者都不为空时，才执行 Rebalance。具体实现代码如下：

```
Set<MessageQueue> mqSet = this.topicSubscribeInfoTable.get(topic);
List<String>  cidAll  =  this.mQClientFactory.findConsumerIdList(topic,
consumerGroup);
……
if (mqSet != null && cidAll != null) {
    List<MessageQueue> mqAll = new ArrayList<MessageQueue>();
    mqAll.addAll(mqSet);

    Collections.sort(mqAll);
    Collections.sort(cidAll);
```

```
    ...
}
```

（2）将全部的 MessageQueue（代码中是 mqAll）和消费者客户端（cidAll）进行排序。由于不是所有消费者的客户端都能彼此通信，所以将 mqAll 和 cidAll 排序的目的在于，保证所有消费者客户端在做 Rebalance 的时候，看到的 MessageQueue 列表和消费者客户端都是一样的视图，做 Rebalance 时才不会分配错。

（3）按照当前设置的队列分配策略执行 Queue 分配。队列分配策略接口 org.apache.rocketmq.client.consumer.AllocateMessageQueueStrategy 的定义代码如下：

```
public interface AllocateMessageQueueStrategy {
    List<MessageQueue> allocate(final String consumerGroup,final String currentCID,
    final List<MessageQueue> mqAll,final List<String> cidAll);
    String getName();
}
```

该接口中，有两个方法 allocate() 和 getName()，分别说明如下：

allocate()：执行队列分配操作，该方法必须满足全部队列都能被分配到消费者。

getName()：获取当前分配算法的名字。

目前队列分配策略有以下 5 种实现方法：

AllocateMessageQueueAveragely：平均分配，也是默认使用的策略（强烈推荐）。

AllocateMessageQueueAveragelyByCircle：环形分配策略。

AllocateMessageQueueByConfig：手动配置。

AllocateMessageQueueConsistentHash：一致性 Hash 分配。

AllocateMessageQueueByMachineRoom：机房分配策略。

（4）动态更新 ProcessQueue。在队列重新分配后，当前消费者消费的队列可能不会发生变化，也可能发生变化，不管是增加了新的队列需要消费，还是减少了队列，都需要执行 updateProcessQueueTableInRebalance() 方法来更新 ProcessQueue。如果有 MessageQueue 不再分配给当前的消费者消费，则设置 ProcessQueue.setDropped(true)，表示放弃当前 MessageQueue 的 Pull 消息。updateProcessQueueTableInRebalance() 方法的具体实现代码如下：

```
    Iterator<Entry<MessageQueue, ProcessQueue>> it = this.processQueueTable.
entrySet().iterator();
    while (it.hasNext()) {
        Entry<MessageQueue, ProcessQueue> next = it.next();
        MessageQueue mq = next.getKey();
        ProcessQueue pq = next.getValue();

        if (mq.getTopic().equals(topic)) {
            if (!mqSet.contains(mq)) {
                pq.setDropped(true);
                if (this.removeUnnecessaryMessageQueue(mq, pq)) {
                    it.remove();
                    changed = true;
                    log.info("doRebalance, {}, remove unnecessary mq, {}",
consumerGroup, mq);
                }
            } else if (pq.isPullExpired()) {
                switch (this.consumeType()) {
                    case CONSUME_ACTIVELY:
                        break;
                    case CONSUME_PASSIVELY:
                        pq.setDropped(true);
                        if (this.removeUnnecessaryMessageQueue(mq, pq)) {
                            it.remove();
                            changed = true;
                            log.error("[BUG]doRebalance, {}, remove unnecessary mq,
{}, because pull is pause, so try to fixed it",
                                consumerGroup, mq);
                        }
                        break;
                    default:
                        break;
                }
            }
        }
    }
```

如果在重新分配 MessageQueue 后，新增加了 MessageQueue，则添加一个对应的 ProcessQueue，查询 Queue 拉取位点，包装一个新的 PullRequest 来 Pull 消息；同理，如果减少 MessageQueue，则将其对应的 ProcessQueue 删除。不管 MessageQueue 是新增还是减少，都会设置 changed 为 True，表示当前消费者消费的 MessageQueue 有变化。

彩蛋：每个 MessageQueue 复用一个 PullRequest，这里也是唯一一个初始化 PullRequest 的地方。

下面是 PullRequest 初始化的具体实现代码：

```
List<PullRequest> pullRequestList = new ArrayList<PullRequest>();
for (MessageQueue mq : mqSet) {
    if (!this.processQueueTable.containsKey(mq)) {
        if (isOrder && !this.lock(mq)) {
            log.warn("doRebalance, {}, add a new mq failed, {}, because lock failed", consumerGroup, mq);
            continue;
        }
        this.removeDirtyOffset(mq);
        ProcessQueue pq = new ProcessQueue();
        long nextOffset = this.computePullFromWhere(mq);
        if (nextOffset >= 0) {
            ProcessQueue pre = this.processQueueTable.putIfAbsent(mq, pq);
            if (pre != null) {
                log.info("doRebalance, {}, mq already exists, {}", consumerGroup, mq);
            } else {
                log.info("doRebalance, {}, add a new mq, {}", consumerGroup, mq);
                PullRequest pullRequest = new PullRequest();
                pullRequest.setConsumerGroup(consumerGroup);
                pullRequest.setNextOffset(nextOffset);
                pullRequest.setMessageQueue(mq);
                pullRequest.setProcessQueue(pq);
                pullRequestList.add(pullRequest);
                changed = true;
            }
        } else {
            log.warn("doRebalance, {}, add new mq failed, {}", consumerGroup, mq);
        }
    }
}
this.dispatchPullRequest(pullRequestList);
```

最后，新增的 PullRequest 对象将被分配出去拉取 MessageQueue 中的消息。

（5）执行 messageQueueChanged() 方法。如果有 MessageQueue 订阅发生变化，则更新

本地订阅关系版本，修改本地消费者限流的一些参数，然后发送心跳，通知所有 Broker，当前订阅关系发生了改变。

至此，消费者 Rebalance 流程讲解完毕。

3.4 消费进度保存机制

从 3.1.2 节可知，在消费者启动时会同时启动位点管理器，那么位点具体是怎么管理的呢？RocketMQ 设计了远程位点管理和本地位点管理两种位点管理方式。集群消费时，位点由客户端提交给 Broker 保存，具体实现代码在 RemoteBrokerOffsetStore.java 文件中；广播消费时，位点保存在消费者本地磁盘上，实现代码在 LocalFileOffsetStore.java 文件中。

位点管理器的类图如图 3-11 所示。

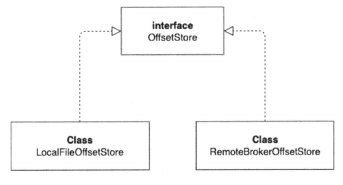

图 3-11

接下来，我们将讲解 OffsetStore 接口的核心方法。

void load()：加载位点信息。

void updateOffset(final MessageQueue mq, final long offset, final boolean increaseOnly)：更新缓存位点信息。

long readOffset(final MessageQueue mq, final ReadOffsetType type)：读取本地位点信息。

void persistAll(final Set<MessageQueue> mqs)：持久化全部队列的位点信息。

void persist(final MessageQueue mq)：持久化某一个队列的位点信息。

void removeOffset(MessageQueue mq)：删除某一个队列的位点信息。

Map<MessageQueue, Long> cloneOffsetTable(String topic)：复制一份缓存位点信息。

void updateConsumeOffsetToBroker(MessageQueue mq, long offset, boolean isOneway)：将本地消费位点持久化到 Broker 中。

客户端消费进度保存也叫消费进度持久化，开源 RocketMQ 4.2.0 支持定时持久化和不定时持久化两种方式。

定时持久化位点实现方法是 org.apache.rocketmq.client.impl.factory.MQClientInstance.startScheduledTask()，具体代码如下：

```
this.scheduledExecutorService.scheduleAtFixedRate(new Runnable() {
    @Override
    public void run() {
        try {
            MQClientInstance.this.persistAllConsumerOffset();
        } catch (Exception e) {
            log.error("ScheduledTask persistAllConsumerOffset exception", e);
        }
    }
}, 1000 * 10, this.clientConfig.getPersistConsumerOffsetInterval(),
TimeUnit.MILLISECONDS);
```

定时持久化位点逻辑是通过定时任务来实现的，在启动程序 10s 后，会定时调用持久化方法 MQClientInstance.this.persistAllConsumerOffset()，持久化每一个消费者消费的每一个 MessageQueue 的消费进度。

不定时持久化也叫 Pull-And-Commit，也就是在执行 Pull 方法的同时，把队列最新消费位点信息发给 Broker，具体实现代码在 org.apache.rocketmq.client.impl.consumer.DefaultMQPushConsumerImpl.pullMessage()方法中。

该方法中有两处持久化位点信息。

第一处，在拉取完成后，如果拉取位点非法，则此时客户端会主动提交一次最新的消费位点信息给 Broker，以便下次能使用正确的位点拉取消息，该处更新位点信息的代码如下：

```
public void pullMessage(final PullRequest pullRequest) {
    …//代码块1
    PullCallback pullCallback = new PullCallback() {
        @Override
        public void onSuccess(PullResult pullResult) {
            …
            case OFFSET_ILLEGAL:
                …
                DefaultMQPushConsumerImpl.this.executeTaskLater(new Runnable() {
                    @Override
                    public void run() {
                        …
                        DefaultMQPushConsumerImpl.this.offsetStore.persist(pullRequest.getMessageQueue());
                        …
                    }
                }, 10000);
                …
        }
        …
    };
    …
}
```

第二处，在执行消息拉取动作时，如果是集群消费，并且本地位点值大于 0，那么把最新的位点上传给 Broker，实现代码如下：

```
public void pullMessage(final PullRequest pullRequest) {
    ...
    boolean commitOffsetEnable = false;
    long commitOffsetValue = 0L;
    if (MessageModel.CLUSTERING == this.defaultMQPushConsumer.getMessageModel()) {
        commitOffsetValue  =   this.offsetStore.readOffset(pullRequest.getMessageQueue(), ReadOffsetType.READ_FROM_MEMORY);
        if (commitOffsetValue > 0) {
            commitOffsetEnable = true;
        }
    }
    int sysFlag = PullSysFlag.buildSysFlag(
        commitOffsetEnable, // commitOffset
        true, // suspend
        subExpression != null, // subscription
```

```
            classFilter // class filter
    );
    …
    this.pullAPIWrapper.pullKernelImpl(
            pullRequest.getMessageQueue(),
            subExpression,
            subscriptionData.getExpressionType(),
            subscriptionData.getSubVersion(),
            pullRequest.getNextOffset(),
            this.defaultMQPushConsumer.getPullBatchSize(),
            sysFlag,
            commitOffsetValue,
            BROKER_SUSPEND_MAX_TIME_MILLIS,
            CONSUMER_TIMEOUT_MILLIS_WHEN_SUSPEND,
            CommunicationMode.ASYNC,
            pullCallback
    );
    …
}
```

代码中通过 commitOffsetEnable、sysFlag 两个字段表示是否可以上报消费位点给 Broker。在执行 Pull 请求时，将 sysFlag 作为网络请求的消息头传递给 Broker，Broker 中处理该字段的逻辑在 org.apache.rocketmq.broker.processor.PullMessageProcessor. processRequest()方法中，具体代码如下：

```
    private RemotingCommand processRequest(final Channel channel,
RemotingCommand request, boolean brokerAllowSuspend)
        throws RemotingCommandException {
        ...
        final PullMessageRequestHeader requestHeader =
            (PullMessageRequestHeader)
request.decodeCommandCustomHeader(PullMessageRequestHeader.class);
        ...
        final boolean hasSuspendFlag = PullSysFlag.hasSuspendFlag(requestHeader.getSysFlag());
        final boolean hasCommitOffsetFlag = PullSysFlag.hasCommitOffsetFlag(requestHeader.getSysFlag());
        final boolean hasSubscriptionFlag = PullSysFlag.hasSubscriptionFlag(requestHeader.getSysFlag());
        ...
        boolean storeOffsetEnable = brokerAllowSuspend;
```

```
        storeOffsetEnable = storeOffsetEnable && hasCommitOffsetFlag;
        storeOffsetEnable = storeOffsetEnable
            && this.brokerController.getMessageStoreConfig().getBrokerRole() !=
BrokerRole.SLAVE;
        if (storeOffsetEnable) {
            this.brokerController.getConsumerOffsetManager().commitOffset(
                RemotingHelper.parseChannelRemoteAddr(channel),
                requestHeader.getConsumerGroup(), requestHeader.getTopic(),
                requestHeader.getQueueId(), requestHeader.getCommitOffset());
        }
        return response;
    }
```

以上 Broker 处理代码中有 3 个核心变量：

hasCommitOffsetFlag：Pull 请求中的 sysFlag 参数，是决定 Broker 是否执行持久化消费位点的一个因素。

brokerAllowSuspend：Broker 是否能挂起。如果 Broker 是挂起状态，将不能持久化位点。

storeOffsetEnable：True 表示 Broker 需要持久化消费位点，False 则不用持久化位点。

相信通过 3 个核心变量的解释，大家已经理解了 Broker 处理持久化消费位点的逻辑。

在知晓消费者如何定时上报消费位点给 Broker，以及 Broker 如何处理上报位点的逻辑后，下面将介绍消费者关闭时如何持久化位点信息。

为什么关闭前需要上报位点呢？这个问题比较容易理解，在消费者关闭前，肯定需要保存各种状态，以便在启动后恢复数据，其中包含消费者的消费进度信息。

笔者将以 Push 消费者程序关闭为例进行讲解。Push 消费者关闭逻辑可以参考 DefaultMQPushConsumerImpl.shutdown()方法。该方法的实现过程是从 Rebalance 服务中获取全部消费的队列信息，再调用 persistAll(final Set<MessageQueue> mqs)方法持久化全部队列的位点信息，具体代码如下：

```
public synchronized void shutdown() {
    switch (this.serviceState) {
        case CREATE_JUST:
            break;
        case RUNNING:
            this.consumeMessageService.shutdown();
```

```
                this.persistConsumerOffset();//持久化位点
                this.mQClientFactory.unregisterConsumer(this.defaultMQPushConsumer.
getConsumerGroup());
                this.mQClientFactory.shutdown();
                log.info("the consumer [{}] shutdown OK", this.defaultMQPushConsumer.
getConsumerGroup());
                this.rebalanceImpl.destroy();
                this.serviceState = ServiceState.SHUTDOWN_ALREADY;
                break;
            case SHUTDOWN_ALREADY:
                break;
            default:
                break;
        }
    }
```

理论上位点信息越是及时上报 Broker，越能减少消息重复的可能性。RocketMQ 在设计时并不完全支持 Exactly-Once 的语义，因为实现该语义的代价颇大，并且使用场景极少，再加上用户侧实现幂等的代价更小，故而 RocketMQ 在设计时将幂等操作交与用户处理。

3.5 消费方式

RocketMQ 的消费方式包含 Pull 和 Push 两种。

Pull 方式：用户主动 Pull 消息，自主管理位点，可以灵活地掌控消费进度和消费速度，适合流计算、消费特别耗时等特殊的消费场景。缺点也显而易见，需要从代码层面精准地控制消费，对开发人员有一定要求。在 RocketMQ 中 org.apache.rocketmq.client.consumer.DefaultMQPullConsumer 是默认的 Pull 消费者实现类。

Push 方式：代码接入非常简单，适合大部分业务场景。缺点是灵活度差，在了解其消费原理后，排查消费问题方可简单快捷。在 RocketMQ 中 org.apache.rocketmq.client.consumer.DefaultMQPushConsumer 是默认的 Push 消费者实现类。

针对 Pull 和 Push，下面对两种方式进行简单的比较，如表 3-2 所示。

表 3-2

消费方式/对比项	Pull	Push	备注
是否需要主动拉取	理解分区后，需要主动拉取各个分区消息	自动	Pull 消息灵活；Push 使用更简单
位点管理	用户自行管理或者主动提交给 Broker 管理	Broker 管理	Pull 自主管理位点，消费灵活；Push 位点交由 Broker 管理
Topic 路由变更是否影响消费	否	否	Pull 模式需要编码实现路由感知；Push 模式自动执行 Rebalance，以适应路由变更

接下来，将分别讲解 Pull 和 Push 两种消费方式的核心原理和过程。

3.5.1 Pull 消费流程

如图 3-12 所示，笔者简单地总结了 org.apache.rocketmq.client.consumer.DefaultMQPullConsumer 的消费过程。

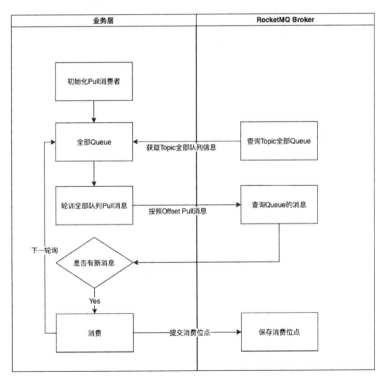

图 3-12

下面是 Pull 消费的具体步骤。

第一步：fetchSubscribeMessageQueues(String Topic)。拉取全部可以消费的 Queue。如果某一个 Broker 下线，这里也可以实时感知到。

第二步：遍历全部 Queue，拉取每个 Queue 可以消费的消息。

第三步：如果拉取到消息，则执行用户编写的消费代码。

第四步：保存消费进度。消费进度可以执行 updateConsumeOffset()方法，将消费位点上报给 Broker，也可以自行保存消费位点。比如流计算平台 Flink 使用 Pull 方式拉取消息消费，通过 Checkpoint 管理消费进度。

3.5.2　Push 消费流程

在了解了 Pull 消费方式后，我们继续讲解 Push 消费方式的流程。如图 3-13 所示，笔者总结了 Push 消费方式的大致过程。

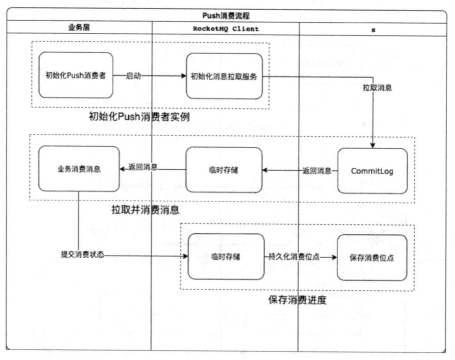

图 3-13

Push 消费过程主要分为如下几个步骤：

第一步：初始化 Push 消费者实例。业务代码初始化 DefaultMQPushConsumer 实例，启动 Pull 服务 PullMessageService。该服务是一个线程服务，不断执行 run()方法拉取已经订阅 Topic 的全部队列的消息，将消息保存在本地的缓存队列中。

第二步：消费消息。由消费服务 ConsumeMessageConcurrentlyService 或者 ConsumeMessageOrderlyService 将本地缓存队列中的消息不断放入消费线程池，异步回调业务消费代码，此时业务代码可以消费消息。

第三步：保存消费进度。业务代码消费后，将消费结果返回给消费服务，再由消费服务将消费进度保存在本地，由消费进度管理服务定时和不定时地持久化到本地（LocalFileOffsetStore 支持）或者远程 Broker（RemoteBrokerOffsetStore 支持）中。对于消费失败的消息，RocketMQ 客户端处理后发回给 Broker，并告知消费失败。

以上为 Push 消费者的消费过程，核心环节是第二步消费消息和第三步消费进度保存，下面将对其详细讲解。

图 3-14 展示了 Push 消费者如何拉取消息消费。

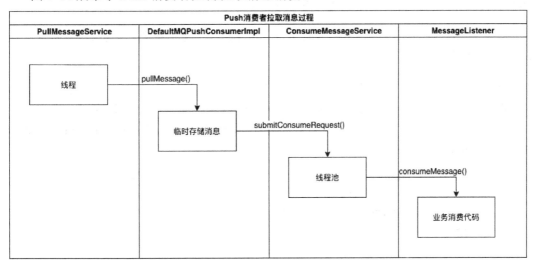

图 3-14

第一步：PullMessageService 不断拉取消息。如下源代码是 PullMessageService.run()方法，pullRequestQueue 中保存着待拉取的 Topic 和 Queue 信息，程序不断从

pullRequestQueue 中获取 PullRequest 并执行拉取消息方法。

```java
public void run() {
    log.info(this.getServiceName() + " service started");
    while (!this.isStopped()) {
        try {
            PullRequest pullRequest = this.pullRequestQueue.take();
            if (pullRequest != null) {
                this.pullMessage(pullRequest);
            }
        } catch (InterruptedException e) {
        } catch (Exception e) {
            log.error("Pull Message Service Run Method exception", e);
        }
    }
    log.info(this.getServiceName() + " service end");
}
```

第二步：消费者拉取消息并消费。我们通过上面的代码了解到，第一步会执行到 org.apache.rocketmq.client.impl.consumer.DefaultMQPushConsumerImpl.pullMessage() 方法，该方法代码比较长，我们从以下几方面进行讲解。

（1）基本校验。校验 ProcessQueue 是否 dropped；校验消费者服务状态是否正常；校验消费者是否被挂起。

我们在 3.3 节讲解 Rebalance 机制时，讲了 org.apache.rocketmq.client.impl.consumer.RebalanceImpl.updateProcessQueueTableInRebalance() 方法在运行时设置 ProcessQueue.setDropped(true) 的逻辑，设置成功后，在执行拉取消息时，将不再拉取 dropped 为 true 的 ProcessQueue，具体实现代码如下：

```java
final ProcessQueue processQueue = pullRequest.getProcessQueue();
if (processQueue.isDropped()) {
    log.info("the pull request[{}] is dropped.", pullRequest.toString());
    return;
}
```

（2）拉取条数、字节数限制检查。如果本地缓存消息数量大于配置的最大拉取条数（默认为 1000，可以调整），则延迟一段时间再拉取；如果本地缓存消息字节数大于配置的最大缓存字节数，则延迟一段时间再拉取。这两种校验方式都相当于本地流控，具体代码如下：

```java
long cachedMessageCount = processQueue.getMsgCount().get();
```

```
        long cachedMessageSizeInMiB = processQueue.getMsgSize().get() / (1024 *
1024);
    if (cachedMessageCount> this.defaultMQPushConsumer.getPullThresholdForQueue()){
    this.executePullRequestLater(pullRequest,PULL_TIME_DELAY_MILLS_WHEN_FLOW
_CONTROL);
        if ((queueFlowControlTimes++ % 1000) == 0) {
            log.warn(…);//记录本地流控日志
        }
        return;
    }
    if(cachedMessageSizeInMiB >this.defaultMQPushConsumer.getPullThresholdSi
zeForQueue()) {
        this.executePullRequestLater(pullRequest,
PULL_TIME_DELAY_MILLS_WHEN_FLOW_CONTROL);
        if ((queueFlowControlTimes++ % 1000) == 0) {
            log.warn(...);//记录本地流控日志
        }
        return;
    }
```

（3）并发消费和顺序消费校验

在并发消费时，processQueue.getMaxSpan()方法是用于计算本地缓存队列中第一个消息和最后一个消息的 offset 差值，如图 3-15 所示。

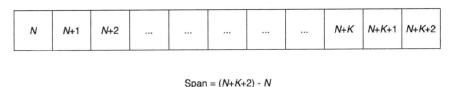

图 3-15

本地缓存队列的 Span 如果大于配置的最大差值（默认为 2000，可以调整），则认为本地消费过慢，需要执行本地流控，具体代码如下：

```
    if(!this.consumeOrderly) {
    if(processQueue.getMaxSpan()>this.defaultMQPushConsumer.getConsumeConcur
rentlyMaxSpan()) {
        this.executePullRequestLater(pullRequest,PULL_TIME_DELAY_MILLS_WHEN_FLOW
_CONTROL);
```

```
            if ((queueMaxSpanFlowControlTimes++ % 1000) == 0) {
                log.warn(…); //记录本地流控日志
            }
            return;
        }
    } else {…}
```

顺序消费时，如果当前拉取的队列在 Broker 端没有被锁定，说明已经有拉取正在执行，当前拉取请求晚点执行；如果不是第一次拉取，需要先计算最新的拉取位点并修正本地最新的待拉取位点信息，再执行拉取，具体校验代码如下：

```
If(){…}else {
    if (processQueue.isLocked()) {
        if (!pullRequest.isLockedFirst()) {
            final long offset = this.rebalanceImpl.computePullFromWhere
(pullRequest.getMessageQueue());
            boolean brokerBusy = offset < pullRequest.getNextOffset();
            log.info(…);//本地日志记录 Broker 繁忙
            if (brokerBusy) {
                log.info(…); //本地日志记录 Broker 繁忙
            }
            pullRequest.setLockedFirst(true);
            pullRequest.setNextOffset(offset);
        }
    } else {
        this.executePullRequestLater(pullRequest, PULL_TIME_DELAY_MILLS_WHEN_
EXCEPTION);
        log.info(…);//本地日志记录 processQueue 未成功锁定，不能立即执行拉取消息
        return;
    }
}
```

（1）订阅关系校验。如果待拉取的 Topic 在本地缓存中订阅关系为空，则本地拉取不执行，待下一个正常心跳或者 Rebalance 后订阅关系恢复正常，方可正常拉取。

（2）封装拉取请求和拉取后的回调对象 PullCallback。这里主要将消息拉取请求和拉取结果处理封装成 PullCallback，并通过调用 PullAPIWrapper.pullKernelImpl()方法将拉取请求发出去。

拉取结果存在多种可能，这里我们讲解拉取消息的情况，实现代码如下：

```
case FOUND:
```

```
    ...
    Boolean dispathToConsume= processQueue.putMessage(pullResult.getMsgFoundList());
    DefaultMQPushConsumerImpl.this.consumeMessageService.submitConsumeRequest(
            pullResult.getMsgFoundList(),
            processQueue,
            pullRequest.getMessageQueue(),
            dispathToConsume);

    if (DefaultMQPushConsumerImpl.this.defaultMQPushConsumer.getPullInterval() > 0) {
            DefaultMQPushConsumerImpl.this.executePullRequestLater(pullRequest,
    DefaultMQPushConsumerImpl.this.defaultMQPushConsumer.getPullInterval());
    } else {
    DefaultMQPushConsumerImpl.this.executePullRequestImmediately(pullRequest);
    }
    ...
    break;
```

如果拉取到消息，那么将消息保存到对应的本地缓存队列 ProcessQueue 中，然后将这些消息提交给 ConsumeMessageService 服务。在讲解 ConsumeMessageService 是如何消费消息之前，我们先介绍 ConsumeMessageService 的核心基本结构和核心方法。

ConsumeMessageService 是一个通用消费服务接口，它包含两个实现类：org.apache.rocketmq.client.impl.consumer.ConsumeMessageConcurrentlyService 和 org.apache.rocketmq.client.impl.consumer.ConsumeMessageOrderlyService，这两个实现类分别用于兵法消费和顺序消费。

ConsumeMessageService 接口的核心方法的实现代码如下：

```
public interface ConsumeMessageService {
    void start();
    void shutdown();
    void updateCorePoolSize(int corePoolSize);
    void incCorePoolSize();
    void decCorePoolSize();
    int getCorePoolSize();
    ConsumeMessageDirectlyResult consumeMessageDirectly(final MessageExt msg, final String brokerName);
    void submitConsumeRequest(
        final List<MessageExt> msgs,
        final ProcessQueue processQueue,
        final MessageQueue messageQueue,
```

```
            final boolean dispathToConsume);
    }
```

接下来我们讲解以上方法的作用。

start()方法和 shutdown()方法分别在启动和关闭服务时使用。

updateCorePoolSize()：更新消费线程池的核心线程数。

incCorePoolSize()：增加一个消费线程池的核心线程数。

decCorePoolSize ()：减少一个消费线程池的核心线程数。

getCorePoolSize()：获取消费线程池的核心线程数。

consumeMessageDirectly()：如果一个消息已经被消费过了，但是还想再消费一次，就需要实现这个方法。

submitConsumeRequest()：将消息封装成线程池任务，提交给消费服务，消费服务再将消息传递给业务消费进行处理。

（1）ConsumeMessageService 消息消费分发。ConsumeMessageService 服务通过 DefaultMQPushConsumerImpl.this.consumeMessageService.submitConsumeRequest 接口接收消息消费任务后，将消息按照固定条数封装成多个 ConsumeRequest 任务对象，并发送到消费线程池，等待分发给业务消费；ConsumeMessageOrderlyService 先将 Pull 的全部消息放在另一个本地队列中，然后提交一个 ConsumeRequest 到消费线程池。

（2）消费消息。消费的主要逻辑在 ConsumeMessageService 接口的两个实现类中。下面将以并发消费实现类 org.apache.rocketmq.client.impl.consumer.ConsumeMessageConcurrentlyService 为例讲解消费过程，消费代码如下：

```
    MessageListenerConcurrently  listener=ConsumeMessageConcurrentlyService.
this.messageListener;
    ...
    ConsumeConcurrentlyStatus status = null;
    ConsumeMessageContext consumeMessageContext = null;
    //消费前
    if    (ConsumeMessageConcurrentlyService.this.defaultMQPushConsumerImpl.
hasHook()) {
        …    ConsumeMessageConcurrentlyService.this.defaultMQPushConsumerImpl.
executeHookBefore(consumeMessageContext);
    }
```

```
    ...
    try {
        //预处理重试队列消息
        ConsumeMessageConcurrentlyService.this.resetRetryTopic(msgs);
        if (msgs != null && !msgs.isEmpty()) {
            for (MessageExt msg : msgs) {
                MessageAccessor.setConsumeStartTimeStamp(msg,    String.valueOf
(System.currentTimeMillis()));
            }
        }
        //消费回调
        status = listener.consumeMessage(Collections.unmodifiableList(msgs),
context);
    }
    ...
    //消费执行后
    if    (ConsumeMessageConcurrentlyService.this.defaultMQPushConsumerImpl.
hasHook()) {
        ...
        ConsumeMessageConcurrentlyService.this.defaultMQPushConsumerImpl.execute
HookAfter(consumeMessageContext);
    }
    ...
    //处理消费结果
    ConsumeMessageConcurrentlyService.this.processConsumeResult(status,conte
xt, this);
```

消费消息主要分为消费前预处理、消费回调、消费结果统计、消费结果处理 4 个步骤。

第一步：消费执行前进行预处理。执行消费前的 hook 和重试消息预处理。消费前的 hook 可以理解为消费前的消息预处理（比如消息格式校验）。如果拉取的消息来自重试队列，则将 Topic 名重置为原来的 Topic 名，而不用重试 Topic 名。

第二步：消费回调。首先设置消息开始消费时间为当前时间，再将消息列表转为不可修改的 List，然后通过 listener.consumeMessage(Collections.unmodifiableList(msgs), context) 方法将消息传递给用户编写的业务消费代码进行处理。

第三步：消费结果统计和执行消费后的 hook。客户端原生支持基本消费指标统计，比如消费耗时；消费后的 hook 和消费前的 hook 要一一对应，用户可以用消费后的 hook 统计与自身业务相关的指标。

第四步：消费结果处理。包含消费指标统计、消费重试处理和消费位点处理。消费指标主要是对消费成功和失败的 TPS 的统计；消费重试处理主要将消费重试次数加 1；消费位点处理主要根据消费结果更新消费位点记录。

至此，Push 消费流程讲解完毕。RocketMQ 是一个消息队列，FIFO（First InFirst Out，先进先出）规则如何在消费失败时保证消息的顺序呢？

让我们从消费任务实现类 ConsumeRequest 和本地缓存队列 ProcessQueue 的设计来看主要差异。

并发消费（无序消费）的消费请求对象实现类为 org.apache.rocketmq.client.impl.consumer.ConsumeMessageConcurrentlyService.ConsumeRequest，具体实现代码如下：

```java
class ConsumeRequest implements Runnable {
    private final List<MessageExt> msgs;
    private final ProcessQueue processQueue;
    private final MessageQueue messageQueue;

    public ConsumeRequest(List<MessageExt> msgs, ProcessQueue processQueue,
MessageQueue messageQueue) {
        this.msgs = msgs;
        this.processQueue = processQueue;
        this.messageQueue = messageQueue;
    }
    @Override
    public void run() {
        ...
    }
}
```

顺序消费的消费请求对象实现类为 org.apache.rocketmq.client.impl.consumer.ConsumeMessageOrderlyService.ConsumeRequest，具体实现代码如下：

```java
class ConsumeRequest implements Runnable {
    private final ProcessQueue processQueue;
    private final MessageQueue messageQueue;
    public ConsumeRequest(ProcessQueue processQueue, MessageQueue messageQueue) {
        this.processQueue = processQueue;
        this.messageQueue = messageQueue;
    }
    @Override
```

```
    public void run() {
        if (this.processQueue.isDropped()) {
            log.warn("run, the message queue not be able to consume, because it's dropped. {}", this.messageQueue);
            return;
        }
        final Object objLock = messageQueueLock.fetchLockObject(this.messageQueue);
        synchronized (objLock) {
            ...
        }
    }
}
```

由上面代码可知，顺序消息的 ConsumeRequest 中并没有保存需要消费的消息，在顺序消费时通过调用 ProcessQueue.takeMessags()方法获取需要消费的消息，而且消费也是同步进行的。

下面我们看看 ProcessQueue 中对于顺序消费有什么特殊的数据结构设计，又是怎么实现 takeMessags()方法的。

msgTreeMap：是一个 TreeMap<Long, MessageExt>类型，key 是消息物理位点值，value 是消息对象，该容器是 ProcessQueue 用来缓存本地顺序消息的，保存的数据是按照 key（就是物理位点值）顺序排列的。

consumingMsgOrderlyTreeMap：是一个 TreeMap<Long, MessageExt>类型，key 是消息物理位点值，Value 是消息对象，保存当前正在处理的顺序消息集合，是 msgTreeMap 的一个子集。保存的数据是按照 key（就是物理位点值）顺序排列的。

batchSize：一次从本地缓存中获取多少条消息回调给用户消费。顺序消息是如何通过 ProcessQueue.takeMessags()获取消息给业务代码消费的呢？实现代码如下：

```
public List<MessageExt> takeMessags(final int batchSize) {
    List<MessageExt> result = new ArrayList<MessageExt>(batchSize);
    final long now = System.currentTimeMillis();
    try {
        this.lockTreeMap.writeLock().lockInterruptibly();
        this.lastConsumeTimestamp = now;
        try {
            if (!this.msgTreeMap.isEmpty()) {
                for (int i = 0; i < batchSize; i++) {
```

```
                    Map.Entry<Long, MessageExt> entry = this.msgTreeMap.
pollFirstEntry();
                    if (entry != null) {
                        result.add(entry.getValue());
                        consumingMsgOrderlyTreeMap.put(entry.getKey(),
entry.getValue());
                    } else {
                        break;
                    }
                }
                if (result.isEmpty()) {
                    consuming = false;
                }
            } finally {
                this.lockTreeMap.writeLock().unlock();
            }
        } catch (InterruptedException e) {
            log.error("take Messages exception", e);
        }
        return result;
    }
```

这段代码从 msgTreeMap 中获取 batchSize 数量的消息放入 consumingMsgOrderlyTreeMap 中，并返回给用户消费。由于当前的 MessageQueue 是被 synchronized 锁住的，并且获取的消费消息也是按照消费位点顺序排列的，所以消费时用户能按照物理位点顺序消费消息。

如果消费失败，又是怎么保证顺序的呢？消费失败后的处理方法 ConsumeMessageOrderlyService.processConsumeResult()的实现代码如下：

```
public boolean processConsumeResult(final List<MessageExt> msgs,final
ConsumeOrderlyStatus status, final ConsumeOrderlyContext context,final
ConsumeRequest consumeRequest) {
    boolean continueConsume = true;
    long commitOffset = -1L;
    if (context.isAutoCommit()) {//自动提交 offset
        switch (status) {
            case COMMIT:
            case ROLLBACK:
                log.warn("the message queue consume result is illegal, we think
you want to ack these message {}",
```

```
                    consumeRequest.getMessageQueue());
            case SUCCESS:
                commitOffset = consumeRequest.getProcessQueue().commit();
                this.getConsumerStatsManager().incConsumeOKTPS(consumerGroup,
consumeRequest.getMessageQueue().getTopic(), msgs.size());
                break;
            case SUSPEND_CURRENT_QUEUE_A_MOMENT:
                this.getConsumerStatsManager().incConsumeFailedTPS(consumerGroup,
consumeRequest.getMessageQueue().getTopic(), msgs.size());
                if (checkReconsumeTimes(msgs)) {
                    consumeRequest.getProcessQueue().makeMessageToCosumeAgain
(msgs);
                    this.submitConsumeRequestLater(
                        consumeRequest.getProcessQueue(),
                        consumeRequest.getMessageQueue(),
                        context.getSuspendCurrentQueueTimeMillis());
                    continueConsume = false;
                } else {
                    commitOffset = consumeRequest.getProcessQueue().commit();
                }
                break;
            default:
                break;
        }
    } else{...}//手动提交offset
    if (commitOffset >= 0 && !consumeRequest.getProcessQueue().isDropped()) {
        this.defaultMQPushConsumerImpl.getOffsetStore().updateOffset
(consumeRequest.getMessageQueue(), commitOffset, false);
    }
    return continueConsume;
}
```

RocketMQ支持自动提交offset和手动提交offset两种方式。下面以自动提交offset为例进行讲解，手动提交offset的逻辑与其完全一致，大家可自行查看源代码。

下面介绍一下processConsumeResult()方法的入参：

msgs：当前处理的一批消息。

status：消费结果的状态。在4.2.0版本中，目前支持SUCCESS和SUSPEND_CURRENT_QUEUE_A_MOMENT两种状态。

另外，两个参数和顺序消费关联不大，这里不做深究。processConsumeResult()方法的内部实现分为自动提交 offset 和手动提交 offset 两个分支，下面我们讲一下自动提交位点的分支逻辑，实现代码如下：

```
    case SUCCESS:
        commitOffset = consumeRequest.getProcessQueue().commit();
        this.getConsumerStatsManager().incConsumeOKTPS(consumerGroup, consumeRequest.getMessageQueue().getTopic(), msgs.size());
        break;
    case SUSPEND_CURRENT_QUEUE_A_MOMENT:
        this.getConsumerStatsManager().incConsumeFailedTPS(consumerGroup, consumeRequest.getMessageQueue().getTopic(), msgs.size());
        if (checkReconsumeTimes(msgs)) {
            consumeRequest.getProcessQueue().makeMessageToCosumeAgain(msgs);
            this.submitConsumeRequestLater(
                consumeRequest.getProcessQueue(),
                consumeRequest.getMessageQueue(),
                context.getSuspendCurrentQueueTimeMillis());
            continueConsume = false;
        } else {
            commitOffset = consumeRequest.getProcessQueue().commit();
        }
        break;
```

消费成功后，程序会执行 commit() 方法提交当前位点，统计消费成功的 TPS。

消费失败后，程序会统计消费失败的 TPS，通过执行 makeMessageToCosumeAgain() 方法删除消费失败的消息，通过定时任务将消费失败的消息在延迟一定时间后，重新提交到消费线程池。

makeMessageToCosumeAgain() 方法将消息从 consumingMsgOrderlyTreeMap 中删除，再重新放入本地缓存队列 msgTreeMap 中，等待下次被重新消费，具体实现代码如下：

```
public void makeMessageToCosumeAgain(List<MessageExt> msgs) {
    try {
        this.lockTreeMap.writeLock().lockInterruptibly();
        try {
            for (MessageExt msg : msgs) {
                this.consumingMsgOrderlyTreeMap.remove(msg.getQueueOffset());
                this.msgTreeMap.put(msg.getQueueOffset(), msg);
            }
```

```
            } finally {
                this.lockTreeMap.writeLock().unlock();
            }
        } catch (InterruptedException e) {
            log.error("makeMessageToCosumeAgain exception", e);
        }
    }
```

submitConsumeRequestLater()方法会执行一个定时任务,延迟一定时间后重新将消费请求发送到消费线程池中,以供下一轮的消费,实现代码如下:

```
    private void submitConsumeRequestLater(final ProcessQueue processQueue,
final MessageQueue messageQueue,
        final long suspendTimeMillis) {
        long timeMillis = suspendTimeMillis;
        if (timeMillis == -1) {
            timeMillis                                                     =
this.defaultMQPushConsumer.getSuspendCurrentQueueTimeMillis();
        }

        if (timeMillis < 10) {
            timeMillis = 10;
        } else if (timeMillis > 30000) {
            timeMillis = 30000;
        }
        this.scheduledExecutorService.schedule(new Runnable() {

            @Override
            public void run() {
                ConsumeMessageOrderlyService.this.submitConsumeRequest(null,
processQueue, messageQueue, true);
            }
        }, timeMillis, TimeUnit.MILLISECONDS);
    }
```

做完这两个操作后,我们试想一下,消费线程在下一次消费时会发生什么事情?如果是从 msgTreeMap 中获取一批消息,那么返回的消息又是哪些呢?消息物理位点最小的,也就是之前未成功消费的消息。如果顺序消息消费失败,会再次投递给消费者消费,直到消费成功,以此来保证顺序性。

3.6 消息过滤

3.6.1 为什么要设计过滤功能

你去市场买菜，阿姨给你一个二维码付款，支持某信、某付宝、某银联 App 等。假如你被要求设计这个二维码的功能，在一个支付请求进入 Topic 后，如果你只需要处理某付宝的消息，那么伪代码如下：

```
boolean receiveMessage(Message msg){
    String from = msg.getProperty("from");
    if("某付宝".equals(from)){
        callApiXBao(msg);
    }else{
        logger.error("异常请求:" + JSON.toJSONString(msg));
    }
}
```

由于阿姨的生意非常好，每天有上亿的支付订单，你的应用程序要处理某信、某付宝、某银联 App 全部的支付消息，这会导致消费效率低下，我们有什么办法，可以只消费某付宝的支付消息呢？

RocketMQ 设计了消息过滤，来解决大量无意义流量的传输：即对于客户端不需要的消息，Broker 就不会传输给客户端，以免浪费宽带。

3.6.2 RocketMQ 支持消息过滤

RocketMQ 4.2.0 支持 Tag 过滤、SQL92 过滤、Filter Server 过滤。

Tag 过滤流程如图 3-16 所示。

下面是 Tag 过滤的步骤：

第一步：用户发送一个带 Tag 的消息。

第二步：用户订阅一个 Topic 的 Tag，RocketMQ Broker 会保存订阅关系。

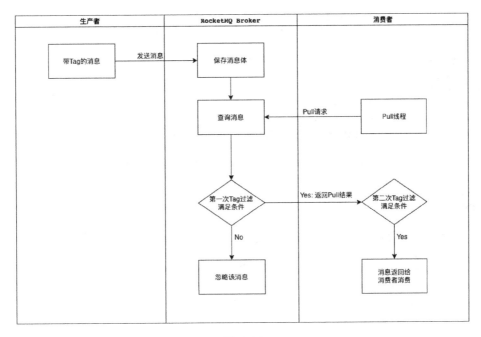

图 3-16

第三步：在 Broker 端做 Tag 过滤。消费者在 Pull 消息时，RocketMQ Broker 会根据 Tag 的 Hashcode 进行对比。如果不满足条件，消息不会返回给消费者，以节约宽带。

也许读者会问，为什么不直接用字符串进行对比和过滤呢？原因是 Hashcode 对比存在 Hash 碰撞而导致过滤失败。

字符串比较的速度相较 Hashcode 慢。Hashcode 对比是数字比较，Java 底层可以直接通过位运算进行对比，而字符串对比需要按照字符顺序比较，相比位运算更加耗时。由于 Hashcode 对比有 Hash 碰撞的危险，所以才引出第四步。

第四步：客户端 Tag 过滤。Hash 碰撞相信大家都有所了解，就是不同的 Tag 计算出来的 Hash 值可能是一样的，在这种情况下过滤后的消息是错误的，所以 RocketMQ 设计了客户端字符串对比功能，用来做第二次 Tag 过滤。

Tag 过滤为什么设计成 Broker 端使用 Hash 过滤，而客户端使用 Tag 字符串进行对比过滤呢？Broker 端使用 Hash 过滤可以快速过滤海量消息，即使偶尔有"落网之鱼"，在客户端字符串过滤后也能被成功过滤。这种层次设计的过滤方式大家在做系统时可以参考。

消费者如何订阅带 Tag 的 Topic 呢，具体实现代码如下：

```
DefaultMQPushConsumer consumer = new DefaultMQPushConsumer("消费者组名字");
```

```
consumer.setNamesrvAddr("127.0.0.1:9876;127.0.0.2:9876");
consumer.subscribe(TOPIC_NAME, "teacher");// teacher 为 tag 名字

consumer.registerMessageListener(new MessageListenerConcurrently() {
    @Override
    public ConsumeConcurrentlyStatus consumeMessage(List<MessageExt> msgs,
ConsumeConcurrentlyContext context) {
        for (MessageExt msg : msgs) {
            System.out.println("tag=" + msg.getTags());
        }
        return ConsumeConcurrentlyStatus.CONSUME_SUCCESS;
    }
});
consumer.start();
```

在讲解完 Tag 过滤后，接下来讲解 SQL 过滤，具体过滤流程如图 3-17 所示。

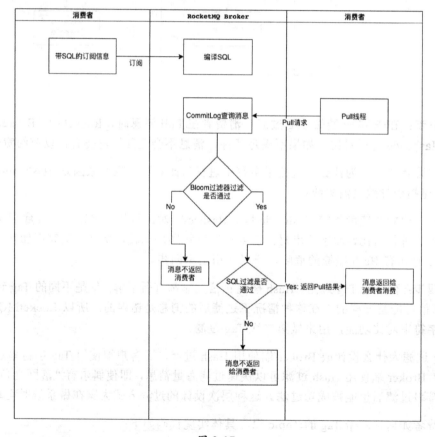

图 3-17

下面是 SQL 过滤的步骤：

第一步：消费者订阅 Topic，上传过滤 SQL 语句，RocketMQ Broker 编译 SQL 保存。

第二步：消费者 Pull 消息。

第一次过滤：使用 Bloom 过滤器的 isHit()方法做第一次过滤。Bloom 过滤器效率高，但是也存在缺陷，即只能判断不需要的消息，过滤后的消息也不保证都是需要消费的。

第二次过滤：执行编译后的 SQL 方法 evaluate()即可过滤出最终的结果。

在使用 SQL 过滤前，需要在启动 Broker 时配置如下几个参数：

```
enableConsumeQueueExt = true;
filterSupportRetry = true;
enablePropertyFilter = true;
enableCalcFilterBitMap = true;
```

下面我们通过一个消费者订阅代码示例，来说明如何使用 SQL 过滤代码。

```
DefaultMQPushConsumer consumer = new DefaultMQPushConsumer("消费者组名字");
consumer.setNamesrvAddr("127.0.0.1:9876;127.0.0.2:9876");
//age 是消息对象中扩展字段的 key
consumer.subscribe(TOPIC_NAME, MessageSelector.bySql("age IS NOT NULL and age between 0 and 3"));

consumer.registerMessageListener(new MessageListenerConcurrently() {
    @Override
    public ConsumeConcurrentlyStatus consumeMessage(List<MessageExt> msgs, ConsumeConcurrentlyContext context) {
        for (MessageExt msg : msgs) {
            System.out.println("tag=" + msg.getTags());
        }
        return ConsumeConcurrentlyStatus.CONSUME_SUCCESS;
    }
});
consumer.start();
```

以上代码表达的含义是：只消费扩展字段中 age 是 0～3 并且非空的消息。有关 SQL 语法支持的内容，可以查阅 RocketMQ 的官方文档。

Tag 过滤、SQL 过滤介绍完毕，下面讲解 Filter Server 过滤。这是一种不常用但是非常灵活的过滤方式。要使用 Filter Server 过滤，必须在启动 Broker 时，添加如下配置：

```
filterServerNums = 大于 0 的数字;
```

这样，就可以启动一个或多个过滤服务器，每个过滤服务器在启动时会自动注册到 Namesrv 中。

具体过滤流程如图 3-18 所示。

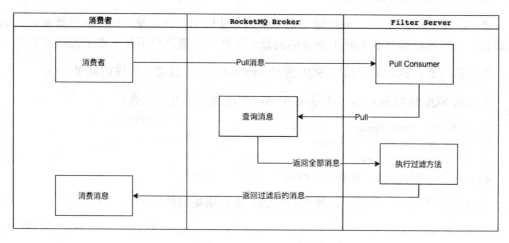

图 3-18

Filter Server 过滤服务器执行的过滤流程如下。

第一步：用户消费者从 Namesrv 获取 Topic 路由信息，同时上传自定义的过滤器实现类源代码到 Filter Server 中，Filter Server 编译并实例化过滤器类。

第二步：用户发送拉取消息请求到 Filter Server，Filter Server 通过 pull consumer 从 Broker 拉取消息，执行过滤类中的过滤方法，返回过滤后的消息。

使用过滤类的方式执行消息过滤的实现代码如下：

```
DefaultMQPushConsumer consumer = new DefaultMQPushConsumer("消费者组名字");
ClassLoader classLoader = Thread.currentThread().getContextClassLoader();
File classFile = new File(classLoader.getResource("MessageFilterImpl.java").getFile());
String filterCode = MixAll.file2String(classFile);
consumer.subscribe(
    TOPIC_NAME,
    "org.apache.rocketmq.example.filter.MessageFilterImpl", //自定义过滤器实现类的全路径，可以到 GitHub 上查看源代码
    filterCode);//过滤器源代码
consumer.registerMessageListener(new MessageListenerConcurrently() {
```

```
    @Override
    public ConsumeConcurrentlyStatus consumeMessage(List<MessageExt> msgs,
ConsumeConcurrentlyContext context) {
        //todo business
        return ConsumeConcurrentlyStatus.CONSUME_SUCCESS;
    }
});
consumer.start();
```

3.7 消费者最佳实践总结

本章主要介绍了消费流程和消费者原理、过滤器的设计和执行过程。Pull 和 Push 在使用中有两点特别需要注意：订阅关系不一致和不能消费时怎么排查，这里分享一下笔者在实践过程中的经验。

订阅关系一致：同一个消费者组中的实例，订阅的 Topic、Tag 必须一致。

否则会出现消费紊乱。比如一个消费者消费了无数重复的消息，或者有的消费者不消费消息等。

图 3-19 是订阅关系不一致的一种情况。消费者组 ConsumerGroup1 部署了两个实例 1.1.1.1 和 1.1.1.2，在 1.1.1.1 实例上订阅了 Topic1、Topic2、Topic3，在 1.1.1.2 实例上订阅了 Topic1、Topic2、Topic4。

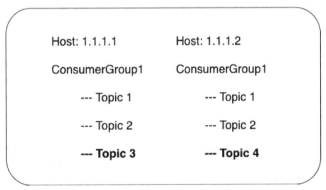

图 3-19

解决图 3-19 订阅关系不一致的办法是，调整任意一个实例的订阅关系和另一个保持一致，调整正确后如图 3-20 所示。

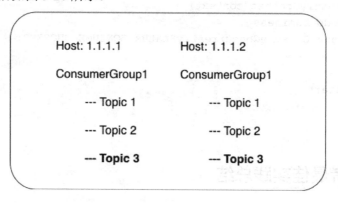

图 3-20

消费者不能消费消息是最常见的问题之一，也是每个消息队列服务都会遇到的问题。这里给大家介绍一个通用的排查思路，如图 3-21 所示。

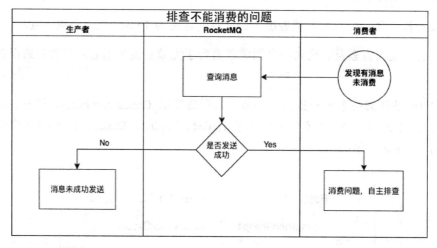

图 3-21

下面对图 3-21 分步骤进行说明。

第一步：确认哪个消息未消费。在这时消费者至少需要收集消息 id、消息 key、消息发送时间段三者之一。

第二步：确认消息是否发送成功。可以通过消息 id、消息 key、消息时间段等任意一个条件在社区提供的 RocketMQ Console 查找消息。如果查到消息，说明问题在消费者自身。此时消费者可以做如下检查，确认问题：

（1）订阅的 Topic 和发送消息的 Topic 是否一致，包含大小写一致。

（2）订阅关系是否一致。

（3）消费代码是否抛异常了，导致没有记录日志。

（4）消费者服务器和 Namesrv 或者 Broker 是否网络通畅。

第三步：如果在第二步中没有查到消息，说明生产者没有生产成功。消息没有生产成功的问题可能是生产者自身的问题，也可能是 Namesrv 或者 Broker 问题导致消息发送失败。此时生产者可以做如下检查：

（1）确认生产者服务器与 Namesrv 或 Broker 网络是否通畅。

（2）检查生产者发送日志，确认生产者是否被流控。

（3）检查 Broker 日志，确认 Broker 是否繁忙。

（4）检查 Broker 日志，确认磁盘是否已满。

对于消费者不消费的问题，原因可能有多种，以上提供排查的基本思路，读者可以参考，也可以到 RocketMQ 社区提问。

第 4 章
RocketMQ 架构和部署最佳实践

RocketMQ 4.7.0 是当前的最新版本，主要增加了消息轨迹、基于 Dledger 的副本机制。而我们目前介绍的是 4.2.0 版本，整体架构、部署与 RocketMQ 4.7.0 版本完全一致。

本章的核心内容如下：

- RocketMQ 体系结构。
- 常见的部署拓扑关系。
- 生产环境 Namesrv、Broker、Console 部署及验证部署结果。

4.1 RocketMQ 架构

RocketMQ 不单单是一个技术，它还是一个体系。一个可用的 RocketMQ 体系简单总结如图 4-1 所示。

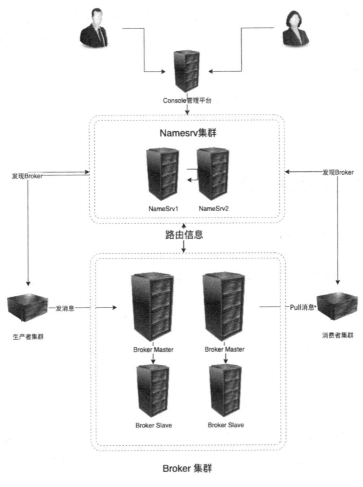

图 4-1

下面介绍一些 RoketMQ 的关键词：

使用者：一般是指生产、消费程序的直接研发人员、RocketMQ 中间件的维护人员等。

Console 管理平台：管理 RocketMQ 生产者组、Topic、消费者组和 RocketMQ 元数据的平台。管理平台可以自研，也可以基于社区提供的 RocketMQ Console 二次开发而来，或者直接使用社区提供的 RocketMQ Console。

Namesrv 集群：一个无状态的元数据管理，Namesrv 之于 RocketMQ 等价于 Zookeeper 之于 Kafka。

Broker 集群：消息中间商或消息代理。主要用于保存消息，处理生产者、消费者的各种请求的代理。包含 Master 和 Slave 两种角色，与 MySQL 中的主从角色类似。

生产者集群：消息发送方，通常由一个或多个生产者实例组成。

消费者集群：消息接收方，通常由一个或多个消费者实例组成。

4.2 常用的部署拓扑和部署实践

4.2.1 常用的拓扑图

常用的 RocketMQ 的部署拓扑方式有 5 种，不同的部署方式可靠性不同，大家在公司落地部署时，可以根据企业业务的需求进行选择，或者有新的部署方式也可以分享给笔者和 RocketMQ 社区。

一个基本部署拓扑中至少包含 Console 管理平台、Namesrv 和 Broker，下面将逐一介绍。

Namesrv 部署：推荐一个集群并部署 2～3 个 Namesrv 节点。

Broker 部署：目前笔者已知的 Broker 有 5 种部署方式，下面会详细讲解。

第一种：单 Master。"集群"中只有一个节点，宕机后不可用。通常用于个人入门学习，比如测试发送消息代码、测试消费消息代码等，建议在生产环境中不要使用这种部署方式。

第二种：单 Master，单 Salve。单主从模式，Master 宕机后集群不可写入消息，但可以读取消息。通常用于个人深入学习，比如研究源码、设计原理等，建议在生产环境中不要使用这种部署方式。

第三种：多 Master，无 Salve。该种部署方式性能最好，并且当单个 Master 节点宕机时，不影响正常使用。

第四种：多 Master、多 Slave，异步复制。在第三种方式上增加了 Slave，当一个 Master 节点宕机时，该 Master 不能写入消息，消费可以在其对应的 Slave 上进行。新消息的生产、消费不受影响。添加 Salve 后，消费者可以从对应的 Slave 中读取已发送到宕机 Master 中的消息。生产环境中可以使用这种部署方式。

第五种：多 Master、多 Slave，同步复制。这种部署方式完全解决了第四种部署方式的弊端，虽然由于 Master-Salve 同步复制导致发送消息耗时增加，集群性能大大下降，但是这仍然是最可靠的部署方式。生产环境中可以使用这种部署方式。

4.2.2 同步复制、异步复制和同步刷盘、异步刷盘

在实际部署集群时，RocketMQ 中有两组概念需要搞清楚：同步复制、异步复制和同步刷盘、异步刷盘。图 4-2 展示了两组概念的基本含义。

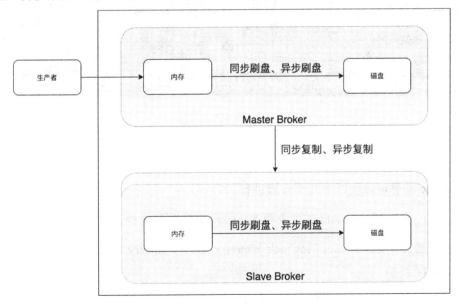

图 4-2

复制是指 Broker 与 Broker 之间的数据同步方式。分为同步和异步两种，同步复制时，生产者会等待同步复制成功后，才返回生产者消息发送成功；异步复制时，消息写入 Master Broker 后即为写入成功，此时系统有较低的写入延迟和较大的系统吞吐量。

刷盘是指数据发送到 Broker 的内存（通常指 PageCache）后，以何种方式持久化到磁盘。同步刷盘时，生产者会等待数据持久化到磁盘后，才返回生产者消息发送成功，可靠性极强；异步刷盘时，消息写入 PageCache 即为写入成功，到达一定量时自动触发刷盘。此时系统有非常低的写入延迟和非常大的系统吞吐量。

在企业中实际使用时，要结合业务自身的属性合理配置主从同步方式和刷盘方式。大部分场景下使用异步复制、异步刷盘即可满足。

4.2.3 部署实践

这里主要介绍部署 2Namesrv + 2Master + 2Slave + 1Console 的过程，一个集群包含的安装包如图 4-3 所示。

```
[root@izuf69yorju0cujtvjlg4tz opt]# ll
总用量 16
drwxr-xr-x 7 root root 4096 10月  26 16:44 broker-master
drwxr-xr-x 7 root root 4096 11月   2 17:04 broker-slave
drwxr-xr-x 2 root root 4096 10月  26 16:53 console
drwxr-xr-x 6 root root 4096 10月  26 16:41 namesrv
[root@izuf69yorju0cujtvjlg4tz opt]#
```

图 4-3

1. Namesrv 部署

Namesrv 部署可以按以下几个步骤进行。

第一步：修改 Namesrv 日志目录和 Namesrv 启动配置文件。

日志配置文件目录：./conf/logback_namesrv.xml。Namesrv 启动配置文件目录：./conf/namesrv.conf。

第二步：启动 Namesrv，启动命令如下。

```
nohup ./bin/mqnamesrv -c ./conf/namesrv.conf > /dev/null 2>&1 &
```

第三步：验证启动结果。

查看 Namesrv 的日志文件 namesrv.log 的内容，如果内容包含 The Name Server boot success. serializeType=XXX，则说明启动成功。

2. Master Broker 部署

第一步：修改日志配置文件，保存目录和启动配置文件。

日志配置文件路径：./conf/logback_broker.xml。

启动配置文件路径：./conf/broker.conf。启动配置项很多，这里我们只挑选几个常用的配置项进行讲解。

brokerName=broker-1-master：Broker 名字，主从 Broker 名字须一致。

brokerId=0：0 代表 master，1 代表 slave。

brokerRole=ASYNC_MASTER：表示主从 Broker 异步复制。

namesrvAddr=127.0.0.1:9876：Namesrv 地址，如果是多个地址，则用分号隔开。

flushDiskType=ASYNC_FLUSH：保存消息刷盘策略（同步或异步）。

fileReservedTime=72：保存多少小时。

deleteWhen=01：过期数据每天凌晨一点删除。

autoCreateTopicEnable=false：是否可以自动创建 Topic，生产环境不要打开。

storePathCommitLog=/data/RocketMQ/commitlog：commitlog 数据保存路径，目前只能设置一个。

storePathRootDir=/data/RocketMQ：全部数据保存路径。

autoCreateSubscriptionGroup=false：是否自动创建消费者组。建议生产环境不要设置为 False。

brokerClusterName=RocketMQ-cluster-1：集群名字。

JVM 参数配置如下：

./bin/runbroker.sh：建议将-Xms 和-Xmx 配置为物理内存的 1/3。其他 JVM 参数建议

保持不变。

os.sh：这里面保存了 RocketMQ 认为最适合 RocketMQ 运行的一些系统参数。将 su -admin -c 'ulimit -n'中的 admin 修改为启动 RocketMQ 的用户后，执行 os.sh 脚本即可。

第二步：启动 master，命令如下。

```
nohup ./bin/mqbroker -c ./conf/broker.conf > /dev/null 2>&1 &
```

第三步：验证 master 启动结果。在 Broker 日志目录下会生成 12 个日志文件：broker_default.log、broker.log、commercial.log、filter.log、lock.log、protection.log、remoting.log、stats.log、storeerror.log、store.log、transaction.log、watermark.log。我们查看其中的 broker.log 文件，如果生成如下所示的内容，则说明启动成功。

```
register broker to name server 127.0.0.1:9876 OK
The broker[broker-1-master, 172.19.138.70:10911] boot success. serializeType=JSON and name server is 127.0.0.1:9876
```

3. Slave Broker 部署

第一步：修改日志配置文件，保存目录和启动配置文件，修改启动配置文件中的两个配置项为：brokerId=1，brokerRole=SLAVE，其他配置项建议和 Master Broker 保持一致。

第二步、第三步：与 Master Broker 完全一致。

4. 部署社区版 RocketMQ Console 管理平台

第一步：启动配置文件修改。RocketMQ Console 是一个 Springboot 项目，其配置文件是 application.properties，具体修改配置项如下：

```
rocketmq.config.namesrvAddr：Namesrv 地址，多个用分号隔开。
rocketmq.config.dataPath：自带统计数据保存路径。
```

第二步：RocketMQ Console 启动命令如下：

```
nohup java -jar rocketmq-console.1.0.2.jar > /dev/null 2>&1 &
```

第三步：查看启动结果。访问 http://xxxxx:8080，如果看到如图 4-4 所示的页面，说明启动成功。

第 4 章 RocketMQ 架构和部署最佳实践

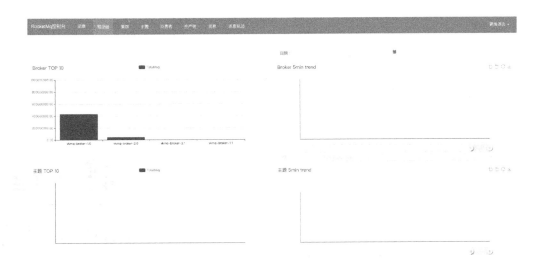

图 4-4

第 5 章 Namesrv

Namesrv 之于 RocketMQ，即 Zookeeper 之于 Kafka，即服务注册中心之于微服务。Namesrv 在 RocketMQ 体系中是一个 Topic 路由注册和管理、Broker 注册和发现的管理者。

本章主要介绍了：

- Topic 路由数据结构。
- Broker 注册、发现及剔除机制。
- Namesrv 启动、停止及执行过程。

5.1 Namesrv 概述

Namesrv 在 RocketMQ 体系中主要用于保存元数据、提高 Broker 的可用性。

在 RPC 通信中,我们通常将服务提供者称为服务端,使用服务的端称为客户端。如果服务端有扩容或缩容,客户端如何感知呢?业内常用的做法是,服务注册与发现。通过注册,可以添加更多提供服务的服务端实例,当然有实例宕机,也可以通过摘除来保证服务的可靠性。Broker 作为 RocketMQ 服务的提供者,其工作原理也是一样的。

5.1.1 什么是 Namesrv

在 RocketMQ 中,如果有生产者、消费者加入或者掉线,Broker 扩容或者掉线等各种异常场景,RocketMQ 集群如何保证高可用呢?一个管理者或者协调者的角色应运而生。

Namesrv 是专门针对 RocketMQ 开发的轻量级协调者,多个 Namesrv 节点可以组成一个 Namesrv 集群,帮助 RocketMQ 集群达到高可用。

Namesrv 的主要功能是临时保存、管理 Topic 路由信息,各个 Namesrv 节点是无状态的,即每两个 Namesrv 节点之间不通信,互相不知道彼此的存在。在 Broker、生产者、消费者启动时,轮询全部配置的 Namesrv 节点,拉取路由信息。具体路由信息详见 org.apache.rocketmq.namesrv.routeinfo 下各个 HashMap 保存的数据。

5.1.2 Namesrv 核心数据结构和 API

Namesrv 中保存的数据被称为 Topic 路由信息,Topic 路由决定了 Topic 消息发送到哪些 Broker,消费者从哪些 Broker 消费消息。

那么路由信息都包含哪些数据呢?路由数据结构的实现代码都在 org.apache.rocketmq.namesrv.routeinfo.RouteInfoManager 类中,该类包含的数据结构如下:

```
public class RouteInfoManager {
    private final static long BROKER_CHANNEL_EXPIRED_TIME = 1000 * 60 * 2;
    private final ReadWriteLock lock = new ReentrantReadWriteLock();
```

```
        private final HashMap<String/* topic */, List<QueueData>> topicQueueTable;
        private final HashMap<String/* brokerName */, BrokerData> brokerAddrTable;
        private final HashMap<String/* clusterName */, Set<String/* brokerName
*/>> clusterAddrTable;
        private    final    HashMap<String/*    brokerAddr   */, BrokerLiveInfo>
brokerLiveTable;
        private final HashMap<String/* brokerAddr */, List<String>/* Filter
Server */> filterServerTable;
        ...
    }
```

BROKER_CHANNEL_EXPIRED_TIME：Broker 存活的时间周期，默认为 120s。

topicQueueTable：保存 Topic 和队列的信息，也叫真正的路由信息。一个 Topic 全部的 Queue 可能分布在不同的 Broker 中，也可能分布在同一个 Broker 中。

brokerAddrTable：存储了 Broker 名字和 Broker 信息的对应信息。

clusterAddrTable：集群和 Broker 的对应关系。

brokerLiveTable：当前在线的 Broker 地址和 Broker 信息的对应关系。

filterServerTable：过滤服务器信息。

Namesrv 支持的全部 API 在 org.apache.rocketmq.namesrv.processor.DefaultRequestProcessor 类中，部分代码如下：

```
    @Override
    public RemotingCommand processRequest(ChannelHandlerContext ctx,
        ...
        switch (request.getCode()) {
            case RequestCode.PUT_KV_CONFIG:
                return this.putKVConfig(ctx, request);
            case RequestCode.GET_KV_CONFIG:
                return this.getKVConfig(ctx, request);
            case RequestCode.DELETE_KV_CONFIG:
                return this.deleteKVConfig(ctx, request);
            case RequestCode.REGISTER_BROKER:
                Version    brokerVersion    =    MQVersion.value2Version(request.
getVersion());
                if (brokerVersion.ordinal() >= MQVersion.Version.V3_0_11.ordinal()) {
                    return this.registerBrokerWithFilterServer(ctx, request);
                } else {
                    return this.registerBroker(ctx, request);
```

```
        }
        ......
}
```

以上代码中部分核心 API 说明如下：

RequestCode.REGISTER_BROKER：Broker 注册自身信息到 Namesrv。

RequestCode.UNREGISTER_BROKER：Broker 取消注册自身信息到 Namesrv。

RequestCode.GET_ROUTEINTO_BY_TOPIC：获取 Topic 路由信息。

RequestCode.WIPE_WRITE_PERM_OF_BROKER：删除 Broker 的写权限。

RequestCode.GET_ALL_TOPIC_LIST_FROM_NAMESERVER：获取全部 Topic 名字。

RequestCode.DELETE_TOPIC_IN_NAMESRV：删除 Topic 信息。

RequestCode.UPDATE_NAMESRV_CONFIG：更新 Namesrv 配置，当前配置是实时生效的。

RequestCode.GET_NAMESRV_CONFIG：获取 Namesrv 配置。

5.1.3 Namesrv 和 Zookeeper

曾几何时，RocketMQ 也采用 Zookeeper 作为协调者，但是繁杂的运行机制和过多的依赖导致 RocketMQ 最终完全重新开发了一个零依赖、更简洁的 Namesrv 来替换 Zookeeper。事实证明逻辑足够简单、使用足够方便的 Namesrv 不负众望，也勇敢地承担起了这个责任。

下面将 Namesrv 和 Zookeeper 从功能和设计上做一个简单的比较，如表 5-1 所示。

表 5-1

功能点	Zookeeper	Namesrv
角色	协调者	协调者
配置保存	持久化到磁盘	保存内存
是否支持选举	是	否
数据一致性	强一致	弱一致,各个节点无状态,互不通信,依靠心跳保持数据一致
是否高可用	是	是
设计逻辑	支持 Raft 选举，逻辑复杂难懂，排查问题较难	CRUD，仅此而已

从以上对比得知 Zookeeper 是一个通用的应用协调者，业界用于 Kafka、Hadoop 等很多开源产品。RocketMQ 之所以选择 Namesrv，笔者认为是因为 Zookeeper 过于复杂、依赖过多，而 Namesrv 足够轻量、简单。

5.2　Namesrv 架构

5.2.1　Namesrv 组件

Namesrv 是 RocketMQ 的大脑，围绕这个"大脑"是如何设计和架构 RocketMQ 的呢？如图 5-1 所示。

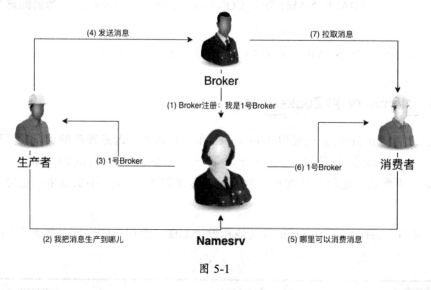

图 5-1

按照数字顺序进行流传是一个消息的常规流传过程。每一个组件都通过与 Namesrv 交换信息来实现自己的功能，下面介绍各个组件如何和大脑一起工作。

Broker： Broker 在启动时，将自己的元数据信息（包括 Broker 本身的元数据和该 Broker 中的 Topic 信息）上报 Namesrv，这部分信息也叫作 Topic 路由。

生产者： 主要关注 Topic 路由。所谓 Topic 路由，表示这个 Topic 的消息可以通过路由知道消息流传到了哪些 Broker 中。如果有 Broker 宕机，Namesrv 会感知并告诉生产者，对生产者而言 Broker 是高可用的。

消费者：主要关注 Topic 路由。消费者从 Namesrv 获取路由后才能知道存储已订阅 Topic 消息的 Broker 地址，也才能到 Broker 拉取消息消费。

通过 Namesrv 的协调，生产者、Broker、消费者三大组件有条不紊地配合完成整个消息的流转过程。那么 Namesrv 是如何架构的呢？各个组件的功能又是怎样的呢？

Namesrv 包含 4 个功能模块：Topic 路由管理模块、Remoting 通信模块、定时任务模块、KV 管理模块，如图 5-2 所示。

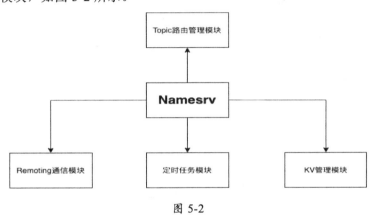

图 5-2

Topic 路由管理模块：Topic 路由决定 Topic 的分区数据会保存在哪些 Broker 上。这是 Namesrv 最核心的模块，Broker 启动时将自身信息注册到 Namesrv 中，方便生产者和消费者获取。生产者、消费者启动和间隔的心跳时间会获取 Topic 最新的路由信息，以此发送或者接收消息。

Remoting 通信模块：是基于 Netty 的一个网络通信封装，整个 RocketMQ 的公共模块在 RocketMQ 各个组件之间担任通信任务。该组件以 Request/Response 的方式通信，比如你想知道你使用的 RocketMQ 支持哪些功能，可以查看 org.apache.rocketmq.common.protocol.RequestCode.java，一个 RequestCode 代表一种功能或者一个接口。

定时任务模块：其实在 Namesrv 中定时任务并没有独立成一个模块，而是由 org.apache.rocketmq.namesrv.NamesrvController.initialize()中调用的几个定时任务组成的，其中包括定时扫描宕机的 Broker、定时打印 KV 配置、定时扫描超时请求。

KV 管理模块：Namesrv 维护一个全局的 KV 配置模块，方便全局配置，从 4.2.0 的源代码看，没有发现被使用。

5.2.2 Namesrv 启动流程

在了解了 Namesrv 的基本架构和各个组件后，接下来我们介绍 Namesrv 是如何启动的，各个组件又是如何协调并启动服务的。

Namesrv 的启动流程如图 5-3 所示。

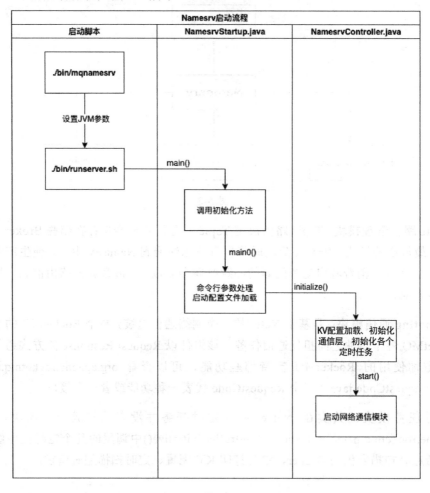

图 5-3

Namesrv 的启动流程分为如下几个步骤：

第一步：脚本和启动参数配置。

启动命令：nohup ./bin/mqnamesrv -c ./conf/namesrv.conf > /dev/null 2>&1 &。通过脚本配置启动基本参数，比如配置文件路径、JVM 参数。调用 NamesrvStartup.main() 方法，解析命令行的参数，将处理好的参数转化为 Java 实例，传递给 NamesrvController 实例。

第二步：new 一个 NamesrvController，加载命令行传递的配置参数，调用 controller.initialize() 方法初始化 NamesrvController。Namesrv 启动的主要初始化过程也在这个方法中，代码如下：

```
public boolean initialize() {
    this.kvConfigManager.load();//#代码1
    this.remotingServer = new NettyRemotingServer(this.nettyServerConfig,
this.brokerHousekeepingService);//#代码2
    this.remotingExecutor
=Executors.newFixedThreadPool(nettyServerConfig.getServerWorkerThreads(),new
ThreadFactoryImpl("RemotingExecutorThread_"));#代码2
    this.registerProcessor();
    this.scheduledExecutorService.scheduleAtFixedRate(new Runnable() {
        @Override
        public void run() {
NamesrvController.this.routeInfoManager.scanNotActiveBroker();#代码3
        }
    }, 5, 10, TimeUnit.SECONDS);
    this.scheduledExecutorService.scheduleAtFixedRate(new Runnable() {
        @Override
        public void run() {
NamesrvController.this.kvConfigManager.printAllPeriodically();#代码4
        }
    }, 1, 10, TimeUnit.MINUTES);
    return true;
}
```

#代码 1：加载 KV 配置。主要是从本地文件中加载 KV 配置到内存中。

#代码 2：初始化 Netty 通信层实例。RocketMQ 基于 Netty 实现了一个 RPC 服务端，即 NettyRemotingServer。通过参数 nettyServerConfig，会启动 9876 端口监听。

#代码 3：Namesrv 主动检测 Broker 是否可用，如果不可用就剔除。生产者、消费者也能通过心跳发现被踢出的路由，从而感知 Broker 下线。

#代码 4：Namesrv 定时打印配置信息到日志中。笔者目前也没有发现这个定时任务输出日志的用处，希望和大家一起探讨。

第三步：NamesrvController 在初始化后添加 JVM Hook。Hook 中会调用 NamesrvController.shutdown()方法来关闭整个 Namesrv 服务。

第四步：调用 NamesrvController.start()方法，启动整个 Namesrv。其实 start()方法只启动了 Namesrv 接口处理线程池。

至此，整个 Namesrv 启动完成。

5.2.3 Namesrv 停止流程

为什么需要了解停止流程呢？RocketMQ 在设计之初已经考虑了很多异常情况，比如 Namesrv 异常退出、突然断电、内存被打满，等等。只有了解了正常的停止过程，才能对异常退出导致的问题进行精确的分析和排障。

通常 Namesrv 的停止是通过关闭命令./mqshutdown namesrv 来实现的。这个命令通过调用 kill 命令将关闭进程通知发给 JVM，JVM 调用关机 Hook 执行停止逻辑。具体实现代码如下：

```
Runtime.getRuntime().addShutdownHook(new ShutdownHookThread(log, new Callable<Void>() {
    @Override
    public Void call() throws Exception {
        controller.shutdown();
        return null;
    }
}));
```

从代码中可以看到，JVM 的关机 Hook 调用关闭了 controller，controller.shutdown()方法的实现代码如下：

```
public void shutdown() {
    this.remotingServer.shutdown();#代码1
    this.remotingExecutor.shutdown();#代码2
    this.scheduledExecutorService.shutdown();#代码3
}
```

#代码 1：关闭 Netty 服务端，主要是关闭 Netty 事件处理器、时间监听器等全部已经初始化的组件。

#代码 2：关闭 Namesrv 接口处理线程池。

#代码 3：关闭全部已经启动的定时任务。

5.3 RocketMQ 的路由原理

如图 5-1 所示，生产者发送消息、消费者消费消息时都需要从 Namesrv 拉取 Topic 路由信息，那么这些路由信息是如何注册到 Namesrv 的呢？如果 Broker 异常宕机，路由信息又是如何更新的呢？

下面，我们通过路由注册和路由剔除两个方面进行详细讲解。

5.3.1 路由注册

Namesrv 获取的 Topic 路由信息来自 Broker 定时心跳，心跳时 Brocker 将 Topic 信息和其他信息发送到 Namesrv。Namesrv 通过 RequestCode.REGISTER_BROKER 接口将心跳中的 Broker 信息和 Topic 信息存储在 Namesrv 中。

Namesrv 接收请求后，以 3.0.11 版本作为分水岭，按照版本分别做不同的处理，相关代码如下：

```
case RequestCode.REGISTER_BROKER:
    Version brokerVersion = MQVersion.value2Version(request.getVersion());
    if (brokerVersion.ordinal() >= MQVersion.Version.V3_0_11.ordinal()) {
        return this.registerBrokerWithFilterServer(ctx, request);
    } else {
        return this.registerBroker(ctx, request);
    }
```

因为当前 RocketMQ 的版本为 4.2.0 版本，所以会执行 registerBrokerWithFilterServer (ctx,request)方法。我们主要看这个方法中的 this.namesrvController.getRouteInfoManager. registerBroker()方法，该方法的主要功能是将 request 解码为路由对象，保存在 Namesrv 内

存中，具体保存的数据结构参考 5.1.2 节中的核心数据结构。由于该方法比较简单，所以不对代码进行分析。

在路由信息注册完成后，Broker 会每隔 30s 发送一个注册请求给集群中全部的 Namesrv，俗称心跳信，会把最新的 Topic 路由信息注册到 Namesrv 中。具体的心跳过程可以参考 6.1.3 节的 Broker 启动过程。

5.3.2 路由剔除

如果 Broker 长久没有心跳或者宕机，那么 Namesrv 会将这些不提供服务的 Broker 剔除。同时生产者和消费者在与 Namesrv 心跳后也会感知被踢掉的 Broker，如此 Broker 扩容或者宕机对生产、消费无感知的情况就处理完了。

Namesrv 有两种剔除 Broker 的方式：

第一种：Broker 主动关闭时，会调用 Namesrv 的取消注册 Broker 的接口 RequestCode=RequestCode.UNREGISTER_BROKER，将自身从集群中删除。这个过程和 5.3.1 节中路由注册的过程相反。

第二种：Namesrv 通过定时扫描已经下线的 Broker，将其主动剔除，实现过程在 org.apache.rocketmq.namesrv.NamesrvController.initialize()方法中，具体代码如下：

```
public boolean initialize() {
    ...
    this.scheduledExecutorService.scheduleAtFixedRate(new Runnable() {

        @Override
        public void run() {
            NamesrvController.this.routeInfoManager.scanNotActiveBroker();
        }
    }, 5, 10, TimeUnit.SECONDS);
    ...
    return true;
}
```

这里定时执行 scanNotActiveBroker()，实现代码如下：

```
public void scanNotActiveBroker() {
    Iterator<Entry<String, BrokerLiveInfo>> it = this.brokerLiveTable.entrySet().iterator();
```

```
        while (it.hasNext()) {
            Entry<String, BrokerLiveInfo> next = it.next();
            long last = next.getValue().getLastUpdateTimestamp();
            if ((last + BROKER_CHANNEL_EXPIRED_TIME) < System.currentTimeMillis()) {
                RemotingUtil.closeChannel(next.getValue().getChannel());
                it.remove();
                log.warn("The broker channel expired, {} {}ms", next.getKey(),
BROKER_CHANNEL_EXPIRED_TIME);
                this.onChannelDestroy(next.getKey(), next.getValue().getChannel());
            }
        }
    }
```

该方法会扫描全部已经注册的 Broker，依次将每一个 Broker 心跳的最后更新时间和当前时间做对比，如果 Broker 心跳的最后更新时间超过 BROKER_CHANNEL_EXPIRED_TIME (1000 × 60 × 2 = 120s)，则将 Broker 剔除。从此没有心跳的 Broker 从路由中被剔除，而客户端无任何感知。

第 6 章
Broker 存储机制

Broker 是 RocketMQ 体系中的核心组件之一，存储是 Broker 的核心功能之一，决定整个 RocketMQ 体系的吞吐性能、可靠性和可用性。本章主要从存储角度讲解 Broker 的几方面内容：

- Broker 存储概述。
- Broker 数据存储机制。
- Broker 数据索引存储机制。
- Broker 过期数据删除机制。
- Broker 主从数据同步机制。
- Broker 关机后数据恢复机制。

本章内容比较枯燥难懂，建议读者对照源代码阅读。

第 6 章 Broker 存储机制

6.1 Broker 概述

本章主要讲解了 Broker 的基本知识，以及 Broker 在体系中所处的地位。带领读者从部署结果上看 Broker 的各个文件目录结构，为下一章学习存储模块打下基础。

本章的核心内容有：

- Broker 在 RocketMQ 体系中所处的地位。

- Broker 的数据目录结构。

- Broker 的启动和停止流程。

6.1.1 什么是 Broker

Broker 是 RocketMQ 中核心的模块之一，主要负责处理各种 TCP 请求（计算）和存储消息（存储），在各个组件中的角色如图 6-1 所示。

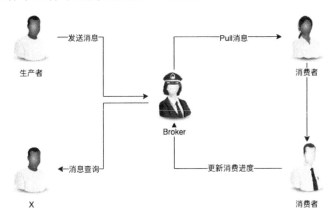

图 6-1

Broker 分为 Master 和 Slave。Master 主要提供服务，Slave 在 Master 宕机后提供消费服务。

6.1.2 Broker 存储目录结构

Broker 在安装启动后会自动生成若干存储文件，文件内容如图 6-2 所示。

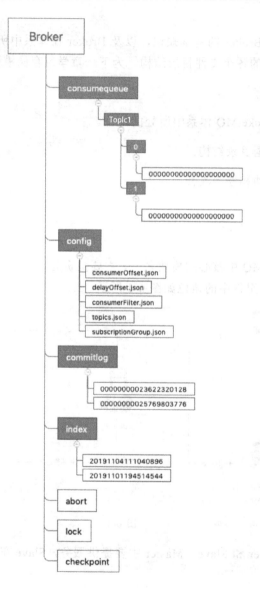

图 6-2

Commitlog：这是一个目录，其中包含具体的 commitlog 文件。文件名长度为 20 个字符，文件名由该文件保存消息的最大物理 offset 值在高位补 0 组成。每个文件大小一般是 1GB，可以通过 mapedFileSizeCommitLog 进行配置。

consumequeue：这是一个目录，包含该 Broker 上所有的 Topic 对应的消费队列文件信息。消费队列文件的格式为"./consumequeue/Topic 名字/queue id/具体消费队列文件"。每个消费队列其实是 commitlog 的一个索引，提供给消费者做拉取消息、更新位点使用。

Index：这是一个目录，全部的文件都是按照消息 key 创建的 Hash 索引。文件名是用创建时的时间戳命名的。

Config：这是一个目录，保存了当前 Broker 中全部的 Topic、订阅关系和消费进度。这些数据 Broker 会定时从内存持久化到磁盘，以便宕机后恢复。

abort：Broker 是否异常关闭的标志。正常关闭时该文件会被删除，异常关闭时则不会。当 Broker 重新启动时，根据是否异常宕机决定是否需要重新构建 Index 索引等操作。

checkpoint：Broker 最近一次正常运行时的状态，比如最后一次正常刷盘的时间、最后一次正确索引的时间等。

6.1.3 Broker 启动和停止流程

RocketMQ 设计遵从简单、高效的原则。虽然整套消息队列比较复杂，但是 RocketMQ 从启动/停止流程上看，非常简单易懂。Broker 的启动流程如图 6-3 所示。

下面对图 6-3 中的启动组件进行讲解：

启动命令分为两个脚本：./bin/mqbroker 和 ./bin/runbroker.sh。mqbroker 准备了 RocketMQ 启动本身的环境数据，比如 ROCKETMQ_HOME 环境变量。runbroker.sh 主要设置了 JVM 启动参数，比如 JAVA_HOME、Xms、Xmx。

对于以上两个启动脚本，RocketMQ 开发人员曾经做过无数次测试，一般情况下可以直接使用。此外，RocketMQ 开发人员修改了一些 Linux 系统参数，以保证 Broker 可以运行在最适合、最高效的环境中，所有的系统参数配置都在 ./bin/os.sh 脚本中。

如何使用该脚本呢？在该脚本中找到 su - admin -c 'ulimit -n'，将 admin 修改为 RocketMQ 启动账号，在启动 RocketMQ 之前执行该脚本即可。

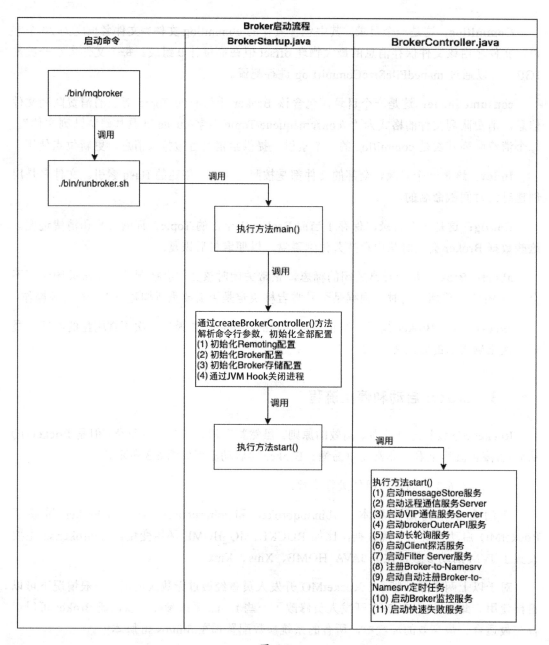

图 6-3

BrokerStartup.java 类主要负责为真正的启动过程做准备，解析脚本传过来的参数，初始化 Broker 配置，创建 BrokerController 实例等工作。

BrokerController.java 类是 Broker 的掌控者，它管理和控制 Broker 的各个模块，包含通信模块、存储模块、索引模块、定时任务等。在 BrokerController 全部模块初始化并启动成功后，将在日志中输出 info 信息 "boot success"。

在对图 6-3 的启动组件基本了解后，我们来讲一下这些组件是如何启动 RocketMQ 的。具体启动过程分为以下几个步骤：

第一步：初始化启动环境。

这是由 ./bin/mqbroker 和 ./bin/runbroker.sh 两个脚本来完成的。/bin/mqbroker 脚本主要用于设置 RocketMQ 根目录环境变量，调用 ./bin/runbroker.sh 进入 RocketMQ 的启动入口，核心代码如下：

```
if [ -z "$ROCKETMQ_HOME" ] ; then
    ...
fi
export ROCKETMQ_HOME
sh ${ROCKETMQ_HOME}/bin/runbroker.sh org.apache.rocketmq.broker.BrokerStartup $@
```

./bin/runbroker.sh 脚本的主要功能是检测 JDK 的环境配置和 JVM 的参数配置。JDK 的环境配置的检查逻辑的实现代码如下：

```
[ ! -e "$JAVA_HOME/bin/java" ] && JAVA_HOME=$HOME/jdk/java
[ ! -e "$JAVA_HOME/bin/java" ] && JAVA_HOME=/usr/java
[ ! -e "$JAVA_HOME/bin/java" ] && error_exit "Please set the JAVA_HOME variable in your environment, We need java(x64)!"

export JAVA_HOME
export JAVA="$JAVA_HOME/bin/java"
export BASE_DIR=$(dirname $0)/..
export CLASSPATH=.:${BASE_DIR}/conf:${CLASSPATH}
```

下面讲一下 JVM 的参数配置。如下代码所示，通常，-Xms、-Xmx、-Xmn、-XX:MaxDirectMemorySize 这 4 个参数会随着部署 RocketMQ 服务器的物理内存大小的变化而进行相应的改变。

```
#===========================================================================
# JVM Configuration
#===========================================================================
```

```
JAVA_OPT="${JAVA_OPT} -server -Xms8g -Xmx8g -Xmn4g"
JAVA_OPT="${JAVA_OPT} -XX:+UseG1GC -XX:G1HeapRegionSize=16m -XX:G1ReservePercent=
25 -XX:InitiatingHeapOccupancyPercent=30 -XX:SoftRefLRUPolicyMSPerMB=0 -XX:SurvivorRatio=8"
JAVA_OPT="${JAVA_OPT}   -verbose:gc  -Xloggc:/dev/shm/mq_gc_%p.log   -XX:
+PrintGCDetails -XX:+PrintGCDateStamps -XX:+PrintGCApplicationStoppedTime -XX:
+PrintAdaptiveSizePolicy"
JAVA_OPT="${JAVA_OPT} -XX:+UseGCLogFileRotation -XX:NumberOfGCLogFiles=5
-XX:GCLogFileSize=30m"
JAVA_OPT="${JAVA_OPT} -XX:-OmitStackTraceInFastThrow"
JAVA_OPT="${JAVA_OPT} -XX:+AlwaysPreTouch"
JAVA_OPT="${JAVA_OPT} -XX:MaxDirectMemorySize=15g"
JAVA_OPT="${JAVA_OPT} -XX:-UseLargePages -XX:-UseBiasedLocking"
JAVA_OPT="${JAVA_OPT} -Djava.ext.dirs=${JAVA_HOME}/jre/lib/ext:${BASE_DIR}/lib"
#JAVA_OPT="${JAVA_OPT} -Xdebug -Xrunjdwp:transport=dt_socket,address=9555,
server=y,suspend=n"
JAVA_OPT="${JAVA_OPT} ${JAVA_OPT_EXT}"
JAVA_OPT="${JAVA_OPT} -cp ${CLASSPATH}"
```

第二步：初始化 BrokerController。

该初始化主要包含 RocketMQ 启动命令行参数解析、Broker 各个模块配置参数解析、Broker 各个模块初始化、进程关机 Hook 初始化等过程，接下来我们逐一进行讲解。

RocketMQ 启动命令行参数解析。其代码在 org.apache.rocketmq.broker.BrokerStartup.createBrokerController()方法中。RocketMQ 的启动参数支持启动命令指定，也可以在配置文件中进行配置。通常，命令行参数的优先级大于配置文件。

命令行参数是如何在 createBrokerController()方法中解析的呢？代码实现如下：

```
Options options = ServerUtil.buildCommandlineOptions(new Options());
commandLine = ServerUtil.parseCmdLine(
    "mqbroker", args, buildCommandlineOptions(options),new PosixParser());
```

通过第三方库将命令行输入参数解析为 commandLine 对象，再获取输入参数值。

命令行参数的启动比较简单，如果大量的 RocketMQ 配置项放在启动命令中，就会导致启动命令较长，难以维护，一般推荐启动 RocketMQ 使用配置文件的方式。配置文件在 createBrokerController()方法中被解析的代码如下：

```
if (commandLine.hasOption('c')) {
    String file = commandLine.getOptionValue('c');
    if (file != null) {
        configFile = file;
```

```
        InputStream in = new BufferedInputStream(new FileInputStream(file));
        properties = new Properties();
        properties.load(in);

        properties2SystemEnv(properties);
        MixAll.properties2Object(properties, brokerConfig);//Broker 配置对象
初始化
        MixAll.properties2Object(properties, nettyServerConfig);//通信层服
务端配置对象初始化
        MixAll.properties2Object(properties, nettyClientConfig);//通信层客
户端配置对象初始化
        MixAll.properties2Object(properties, messageStoreConfig);//存储层配
置对象初始化
        BrokerPathConfigHelper.setBrokerConfigPath(file);
        in.close();
    }
}
```

注意，以上代码中加粗的部分是 RocketMQ 配置文件加载及初始化的具体实现。MixAll.properties2Object()方法的主要功能是，按照 properties 中配置的 key 与目标对象字段名是否相同来设置对应的值。

在 brokerConfig、nettyServerConfig、nettyClientConfig、messageStoreConfig 这些基本配置对象初始化完毕后，还有后续代码依据各种启动条件重新调整部分参数。

在各个配置对象初始化完毕后，程序会调用 BrokerController.initialize()方法对 Broker 的各个模块进行初始化。

首先，加载 Broker 基础数据配置和存储层服务，核心代码如下：

```
boolean result = this.topicConfigManager.load();
result = result && this.consumerOffsetManager.load();
result = result && this.subscriptionGroupManager.load();
result = result && this.consumerFilterManager.load();
if (result) {
    try {
        this.messageStore =
            new    DefaultMessageStore(this.messageStoreConfig,    this.
brokerStatsManager, this.messageArrivingListener,
                this.brokerConfig);
        this.brokerStats = new BrokerStats((DefaultMessageStore) this.
```

```
messageStore);
        //load plugin
        MessageStorePluginContext context = new MessageStorePluginContext
(messageStoreConfig, brokerStatsManager, messageArrivingListener, brokerConfig);
        this.messageStore     =  MessageStoreFactory.build(context, this.
messageStore);
        this.messageStore.getDispatcherList().addFirst(new CommitLogDispatcherCalcBitMap
(this.brokerConfig, this.consumerFilterManager));
    } catch (IOException e) {
        result = false;
        log.error("Failed to initialize", e);
    }
}
result = result && this.messageStore.load();
```

上面代码中的 xxxxConfigManager.load()方法的功能是加载 Broker 基础数据配置，包含 Broker 中的 Topic、消费位点、订阅关系、消费过滤（无实际数据需要加载）。这些配置加载成功后，初始化存储层服务对象 messageStore 和 Broker 监控统计对象 brokerStats。

然后，Broker 会初始化通信层服务和一系列定时任务。通信层服务主要初始化正常通信通道、VIP 通信通道和通信线程池。由于代码太多，并且大多数逻辑是相似的，所以这里以 VIP 通道为例，讲解通信层服务初始化；以消费进度定时持久化为例，讲解定时任务初始化。

我们知道在 Broker 中存在 VIP 通道，通信端口是 10909，与正常通信端口 10911 相差 2，这两个端口有什么关系吗？VIP 通道又是如何初始化的呢？带着问题，我们找到了如下实现代码：

```
NettyServerConfig fastConfig = (NettyServerConfig) this.nettyServerConfig.clone();
fastConfig.setListenPort(nettyServerConfig.getListenPort() - 2);
this.fastRemotingServer = new NettyRemotingServer(fastConfig, this.
clientHousekeepingService);
```

fastConfig 就是 VIP 通信层的配置，其配置对象"克隆"自正常通信的配置对象，唯独通信端口是 nettyServerConfig.getListenPort()-2，也就是 10911-2。利用 fastConfig 初始化 fastRemotingServer 的结果也就是我们常用的 VIP 通道。

从 fastConfig 和 fastRemotingServer 的实现类命名来看，我们知道 RocketMQ 的通信层实现本质上是基于 Netty 的，那么通信层又是如何处理客户端发送的 Netty 请求的呢？

通信层对象初始化完成后，会调用 this.registerProcessor()方法，这里将正常的通信层对象和 VIP 通道的通信层对象与各个请求处理器进行关联，比如将发送消息的请求交给接收消息的请求处理器进行处理，相关实现代码如下：

```
this.fastRemotingServer.registerProcessor(RequestCode.SEND_MESSAGE,
sendProcessor, this.sendMessageExecutor);//注册接收消息处理器
    this.fastRemotingServer.registerProcessor(RequestCode.SEND_MESSAGE_V2,
sendProcessor, this.sendMessageExecutor);//注册接收消息处理器
    this.fastRemotingServer.registerProcessor(RequestCode.SEND_BATCH_MESSAGE,
sendProcessor, this.sendMessageExecutor);//注册批量接收消息处理器
    this.fastRemotingServer.registerProcessor(RequestCode.CONSUMER_SEND_MSG_
BACK, sendProcessor, this.sendMessageExecutor);//注册重新消费请求处理器
```

在对 VIP 通信层初始化有了基本的了解后，下面介绍消费进度定时持久化。

Broker 在接收消费者上报的消费进度后，会定期持久化到物理文件中，当消费者因为重新发布或者宕机而重启时，能从消费进度中得知恢复，不至于重复消费。定期持久化任务的初始化代码如下：

```
this.scheduledExecutorService.scheduleAtFixedRate(new Runnable() {
    @Override
    public void run() {
        try {
            BrokerController.this.consumerOffsetManager.persist();
        } catch (Throwable e) {
            log.error("schedule persist consumerOffset error.", e);
        }
    }
}, 1000 * 10, this.brokerConfig.getFlushConsumerOffsetInterval(), TimeUnit.
MILLISECONDS);
```

从以上代码中知道，持久化周期可以通过参数 flushConsumerOffsetInterval（以 ms 为单位）进行配置。

第三步：启动 RocketMQ 的各个组件。

组件启动代码在 org.apache.rocketmq.broker.BrokerController.start()方法中，由于启动过程非常复杂，笔者按照代码执行顺序，主要讲解启动的各个模块功能，对于详细启动过程，读者可以自行查看源代码。

this.messageStore：存储层服务，比如 CommitLog、ConsumeQueue 存储管理。

this.remotingServer：普通通道请求处理服务。一般的请求都是在这里被处理的。

this.fastRemotingServer：VIP 通道请求处理服务。如果普通通道比较忙，那么可以使用 VIP 通道，一般作为客户端降级使用。

this.brokerOuterAPI：Broker 访问对外接口的封装对象。

this.pullRequestHoldService：Pull 长轮询服务。

this.clientHousekeepingService：清理心跳超时的生产者、消费者、过滤服务器。

this.filterServerManager：过滤服务器管理。

下面我们将 Broker 信息注册到 Namesrv，并处理 Master 与 Slave 的关系，具体代码如下：

```
this.registerBrokerAll(true, false);
this.scheduledExecutorService.scheduleAtFixedRate(new Runnable() {
    @Override
    public void run() {
        try {
            BrokerController.this.registerBrokerAll(true, false);
        } catch (Throwable e) {
            log.error("registerBrokerAll Exception", e);
        }
    }
}, 1000 * 10, 1000 * 30, TimeUnit.MILLISECONDS);
```

this.brokerStatsManager：Broker 监控数据统计管理。

this.brokerFastFailure：Broker 快速失败处理。

以上模块全部启动成功后，Broker 就启动成功了。

在了解了 RocketMQ 的启动进程后，关闭 Broker 进程其实是启动过程的逆过程，详细过程就不再单独讲解，笔者总结了 Broker 关闭进程的过程，如图 6-4 所示。

Broker 关闭只是调用 BrokerStartup.java 中注册 JVM Hook 的 BrokerController.shutdown()方法，该方法再调用各个模块关闭方法，最后关闭整个进程。Broker 进程关闭处理完成后，日志输出 info 信息 "Shutdown hook over"。

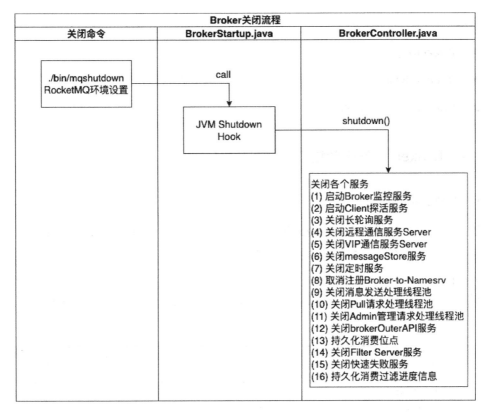

图 6-4

6.2 Broker 存储机制

堆积能力是消息队列的一个重要考核指标。存储机制是 RocketMQ 中的核心，也是亮点设计，因为存储机制决定写入和查询的效率。

阅读本章需要以下前置知识点：

- Java NIO。

- 程序可以使用的全部内存 = 物理内存 + 虚拟内存。

- 操作系统 Page Cache 机制（页缓存机制）。

本章的核心讲解内容如下：

- RocketMQ 存储结构。
- RocketMQ 存储核心——文件映射和顺序写文件。
- RocketMQ 刷盘过程。

6.2.1 Broker 消息存储结构

1. Broker 存储概述

从上一节中我们了解到，Broker 通过 CommitLog、ConsumeQueue、IndexFile 等来组织存储消息，下面介绍消息存储文件 CommitLog。

org.apache.rocketmq.store.CommitLog 类负责处理全部消息的存储逻辑——普通消息、定时消息、顺序消息、未消费的消息和已消费的消息。消息的保存结构如表 6-2 所示。

表 6-2

写入顺序	字段	说明	数据类型	字节数
1	MsgLen	消息总长度	Int	4
2	MagicCode	魔法数	Int	4
3	BodyCRC	消息内容 CRC	Int	4
4	QueueId	消息所在分区 id	Int	4
5	QueueOffset	消息所在分区的位置	Long	8
6	PhysicalOffset	消息所在 Commitlog 文件的位置	Long	8
7	SysFlag	系统标志	Int	4
8	BornTimestamp	发送消息时间戳	Long	8
9	BornHost	发送消息主机	Long	8
10	StoreTimestamp	存储消息时间戳	Long	8
11	StoreHost	存储消息主机	Long	8
12	ReconsumeTimes	重试消息重试第几次	Int	4
13	PreparedTransationOffset	事务消息位点	Long	8
14	BodyLength	消息体内容长度	Int	4
15	Body	消息体	byte[]	数组长度
16	TopicLength	Topic 长度	byte	1
17	Topic	Topic 名字	byte[]	数组长度
18	PropertiesLength	扩展信息长度	short	2
19	Properties	扩展信息	byte[]	数组长度

从 6.1.2 节我们得知 CommitLog 目录下有多个 CommitLog 文件。其实 CommitLog 只有一个文件，为了方便保存和读写被切分为多个子文件，所有的子文件通过其保存的第一个和最后一个消息的物理位点进行连接，如图 6-5 所示。

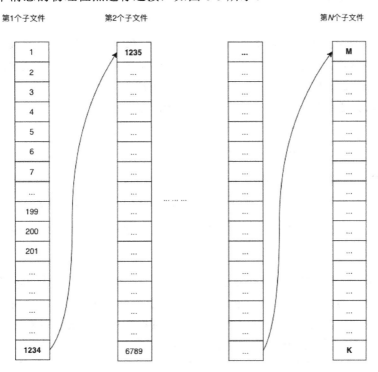

图 6-5

Broker 按照时间和物理的 offset 顺序写 CommitLog 文件，每次写的时候需要加锁，文件代码如下：

```
org.apache.rocketmq.store.CommitLog.putMessage(final
MessageExtBrokerInner msg):
public PutMessageResult putMessage(final MessageExtBrokerInner msg) {
    ... ...
    MappedFile mappedFile = this.mappedFileQueue.getLastMappedFile();
    putMessageLock.lock(); //默认自旋锁，可配置
    try {
        ... ...
        result = mappedFile.appendMessage(msg,this.appendMessageCallback);
        ... ...
    } finally {
```

```
        putMessageLock.unlock();
    }
    ... ...
    return putMessageResult;
}
```

每个 CommitLog 子文件的大小默认是 1GB（1024 × 1024 × 1024B），可以通过 mapedFileSizeCommitLog 进行配置。当一个 CommitLog 写满后，创建一个新的 CommitLog，继续上一个 ComiitLog 的 Offset 写操作，直到写满换成下一个文件。所有 CommitLog 子文件之间的 Offset 是连续的，所以最后一个 CommitLog 总是被写入的。

2. 为什么写文件这么快

RocketMQ 的存储设计中，很大一部分是基于 Kafka 的设计进行优化的，这里我们非常感谢 Kafka 的设计和开发人员，有了你们才成就了今天的 RocketMQ。

RocketMQ 是基于 Java 编写的消息中间件，支持万亿级的消息扭转和保存，RocketMQ 写文件为什么会这么快呢？我们先来了解以下名词：

Page Cache：现代操作系统内核被设计为按照 Page 读取文件，每个 Page 默认为 4KB。因为程序一般符合局部性原理，所以操作系统在读取一段文件内容时，会将该段内容和附件的文件内容都读取到内核 Page 中（预读），下次读取的内容如果命中 Page Cache 就可以直接返回内容，不用再次读取磁盘，过程如图 6-6 所示。

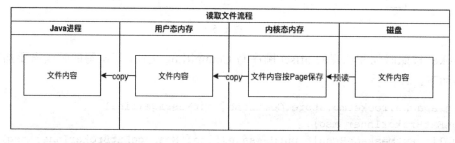

图 6-6

Page Cache 机制也不是完全无缺点的，当遇到操作系统进行脏页回写、内存回收、内存交换等情况时，就会引起较大的消息读写延迟。对于这些情况，RocketMQ 采用了多种优化技术，比如内存预分配、文件预热、mlock 系统调用等，以保证在最大限度地发挥 Page Cache 机制的优点的同时，尽可能地减少消息读写延迟。所以在生产环境部署 RocketMq 的时候，尽量采用 SSD 独享磁盘，这样可以最大限度地保证读写性能。

Virtual Memory（虚拟内存）：为了保证每个程序有足够的运行空间和编程空间，可以将一些暂时不用的内存数据保存到交换区（其实是磁盘）中，这样就可以运行更多的程序，这种"内存"被称为虚拟内存（因为不是真的内存）。

操作系统的可分配内存大小 = 虚拟内存大小 + 物理内存大小。

零拷贝和 Java 文件映射：从文件读取流程可以看到，读取到内核态的数据会经历两次拷贝，第一次从内核态内存拷贝到用户态内存，第二次从用户态内存拷贝到 Java 进程的某个变量地址，这样 Java 变量才能读取数据，如图 6-7 所示。

为了提高读写文件的效率，IBM 实现了零拷贝技术，它是世界上最早实现该技术的公司，后来各个厂商（如甲骨文等）也纷纷实现了该技术。

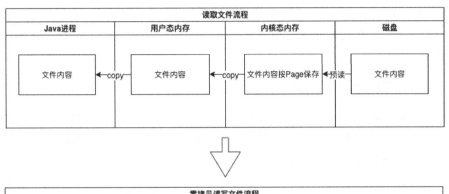

图 6-7

java.nio.MappedByteBuffer.java 文件中实现了零拷贝技术，即 Java 进程映射到内核态内存，原来内核态内存与用户态内存的互相拷贝过程就消失了。

在消息系统中，用户关心的往往都是最新的数据，理论上，基本的操作都在 Page Cacge 中，Page Cache 的操作速度和内存基本持平，所以速度非常快。当然，也存在读取历史消息而历史消息不在 Page Cache 中的情况，比如在流处理和批处理中，经常将消费重置到历史消息位点,以重新计算全部结果。这种情况只是在第一次拉取消息时会读取磁盘,以后可以利用磁盘预读,几乎可以做到不再直接读取磁盘,其性能与利用 Page Cache 相比,只在第一次有差异。

6.2.2 Broker 消息存储机制

1. Broker 消息存储的流程

通过 6.1.2 节的介绍我们知道,RocketMQ 使用 CommitLog 文件将消息存储到磁盘上,那么 RocketMQ 存储消息到磁盘的过程是怎样的呢?

RocketMQ 首先将消息数据写入操作系统 Page Cache,然后定时将数据刷入磁盘。下面主要介绍 RocketMQ 是如何接收发送消息请求并将消息写入 Page Cache 的,整个过程如图 6-8 所示。

(1) Broker 接收客户端发送消息的请求并做预处理。

SendMessageProcessor.processRequest()方法会自动被调用接收、解析客户端请求为消息实例。该方法执行分为四个过程:解析请求参数、执行发送处理前的 Hook、调用保存方法存储消息、执行发送处理后的 Hook。

随着 RocketMQ 版本的迭代更新,通信层的协议也出现了不兼容的变化,比如解析请求参数需要根据不同的客户端请求协议版本做不同处理。

发送消息在 RocketMQ 4.2.0 中支持发送单个消息和批量消息,二者处理逻辑相似,在此笔者以发送单个消息为例进行讲解。

(2) Broker 存储前预处理消息。

预处理方法为 org.apache.rocketmq.broker.processor.SendMessageProcessor.sendMessage()。

首先,设置请求处理返回对象标志,处理代码如下:

```
final RemotingCommand response = RemotingCommand.createResponseCommand(
    SendMessageResponseHeader.class);
response.setOpaque(request.getOpaque());
```

第 6 章 Broker 存储机制

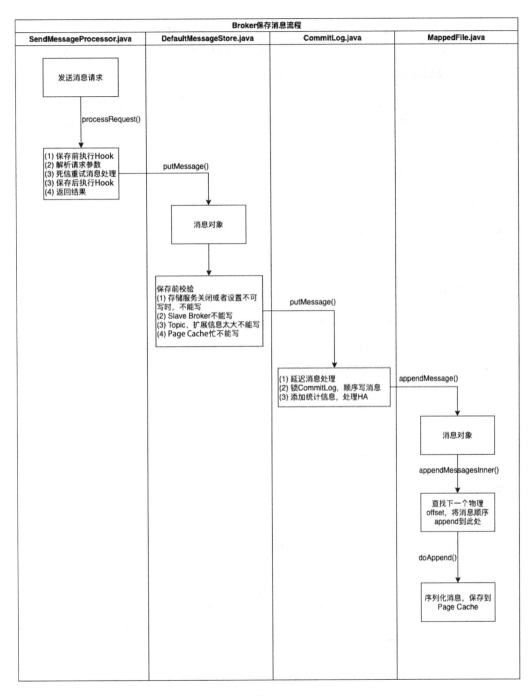

图 6-8

Netty 是异步执行的，也就是说，请求发送到 Broker 被处理后，返回结果时，在客户端的处理线程已经不再是发送请求的线程，那么客户端如何确定返回结果对应哪个请求呢？很简单，我们可以通过返回标志来判断。

其次，做一系列存储前发送请求的数据检查，比如死信消息处理、Broker 是否拒绝事务消息处理、消息基本检查等。消息基本检查方法为 AbstractSendMessageProcessor.msgCheck()，该方法的主要功能如下：

- 校验 Broker 是否配置可写。
- 校验 Topic 名字是否为默认值。
- 校验 Topic 配置是否存在。
- 校验 queueId 与读写队列数是否匹配。
- 校验 Broker 是否支持事务消息（msgCheck 之后进行的校验）。

（3）执行 DefaultMessageStore.putMessage()方法进行消息校验和存储模块检查。

在真正保存消息前，会对消息数据做基本检查、对存储服务做可用性检查、对 Broker 做是否 Slave 的检查等，总结如下：

- 校验存储模块是否已经关闭。
- 校验 Broker 是否是 Slave。
- 校验存储模块运行标记。
- 校验 Topic 长度。
- 校验扩展信息的长度。
- 校验操作系统 Page Cache 是否繁忙。具体实现代码如下：

```
public boolean isOSPageCacheBusy() {
long begin = this.getCommitLog().getBeginTimeInLock();
long diff = this.systemClock.now() - begin;
return diff < 10000000 && diff > this.messageStoreConfig.getOsPageCacheBusyTimeOutMills();
}
```

以上代码说明如下：

begin：CommitLog 加锁开始时间，写 CommitLog 成功后，该值为 0。

diff：当前时间和 CommitLog 持有锁时间的差值。

如果 isOSPageCacheBusy()方法返回 true，则表示当前有消息正在写入 CommitLog，并且持有锁的时间超过设置的阈值。

（4）执行 org.apache.rocketmq.store.CommitLog.putMessage()方法，将消息写入 CommitLog。存储消息的核心处理过程如下：

- 设置消息保存时间为当前时间戳，设置消息完整性校验码 CRC（循环冗余码）。
- 延迟消息处理。如果发送的消息是延迟消息，这里会单独设置延迟消息的数据字段，比如修改 Topic 为延迟消息特有的 Topic——SCHEDULE_TOPIC_XXXX，并且备份原来的 Topic 和 queueId，以便延迟消息在投递后被消费者消费。

延迟消息的处理代码如下：

```
final int tranType = MessageSysFlag.getTransactionValue(msg.getSysFlag());
if (tranType == MessageSysFlag.TRANSACTION_NOT_TYPE
    || tranType == MessageSysFlag.TRANSACTION_COMMIT_TYPE) {
    //单独处理延迟消息
    if (msg.getDelayTimeLevel() > 0) {
        if    (msg.getDelayTimeLevel()    >    this.defaultMessageStore.
getScheduleMessageService().getMaxDelayLevel()) {
            msg.setDelayTimeLevel(this.defaultMessageStore.
getScheduleMessageService().getMaxDelayLevel());
        }


        Topic = ScheduleMessageService.SCHEDULE_TOPIC;
        queueId = ScheduleMessageService.delayLevel2QueueId(msg.getDelayTimeLevel());
        //备份原Topic、queueId
        MessageAccessor.putProperty(msg, MessageConst.PROPERTY_REAL_TOPIC,
msg.getTopic());
        MessageAccessor.putProperty(msg, MessageConst.PROPERTY_REAL_QUEUE_ID,
String.valueOf(msg.getQueueId()));
        msg.setPropertiesString(MessageDecoder.messageProperties2String
(msg.getProperties()));
```

```
    msg.setTopic(Topic);
    msg.setQueueId(queueId);
}
}
```

- 获取最后一个 CommitLog 文件实例 MappedFile,锁住该 MappedFile。默认为自旋锁,也可以通过 useReentrantLockWhenPutMessage 进行配置、修改和使用 ReentrantLock。

- 校验最后一个 MappedFile,如果结果为空或已写满,则新创建一个 MappedFile 返回。

- 调用 MappedFile.appendMessage(final MessageExtBrokerInner msg, final Append MessageCallback cb),将消息写入 MappedFile。

根据消息是单个消息还是批量消息来调用 AppendMessageCallback.doAppend()方法,并将消息写入 Page Cache,该方法的功能包含以下几点:

(1) 查找即将写入的消息物理 Offset。

(2) 事务消息单独处理。这里主要处理 Prepared 类型和 Rollback 类型的消息,设置消息 queueOffset 为 0。

(3) 序列化消息,并将序列化结果保存到 ByteBuffer 中(文件内存映射的 Page Cache 或 Direct Memory,简称 DM)。特别地,如果将刷盘设置为异步刷盘,那么当 ransientStorePoolEnable=true 时,会先写入 DM,DM 中的数据再异步写入文件内存映射的 Page Cache 中。因为消费者始终是从 Page Cache 中读取消息消费的,所以这个机制也称为"读写分离"。

(4) 更新消息所在 Queue 的位点,具体实现代码如下:

```
switch (tranType) {
    case MessageSysFlag.TRANSACTION_PREPARED_TYPE:
    case MessageSysFlag.TRANSACTION_ROLLBACK_TYPE:
        break;
    case MessageSysFlag.TRANSACTION_NOT_TYPE:
    case MessageSysFlag.TRANSACTION_COMMIT_TYPE:
        CommitLog.this.TopicQueueTable.put(key, ++queueOffset);
```

```
            break;
        default:
            break;
}
```

以上代码中,CommitLog.this.TopicQueueTable 类型是 HashMap<String/* topic-queueid */, Long/* offset */>, CommitLog.this.TopicQueueTable 的 key 是 Topic 名字与消息所在 Queue 的 Queue Id 的构成,value 是消息位点值。key 构建代码如下:

```
// Record ConsumeQueue information
keyBuilder.setLength(0);
keyBuilder.append(msgInner.getTopic());
keyBuilder.append('-');
keyBuilder.append(msgInner.getQueueId());
```

在消息存储完成后,会处理刷盘逻辑和主从同步逻辑,分别调用 org.apache.rocketmq.store.CommitLog.handleDiskFlush()方法和 org.apache.rocketmq.store.CommitLog.handleHA()方法。具体代码不再详细讲解。

在 Broker 处理发送消息请求时,由于处理器 SendMessageProcessor 本身是一个线程池服务,所以设计了快速失败逻辑,方便在高峰时自我保护。实现代码在 org.apache.rocketmq.broker.latency.BrokerFastFailure.cleanExpiredRequest()方法中。

在 BrokerController 启动 BrokerFastFailure 服务时,会启动一个定时任务处理快速失败的异常,启动及扫描代码如下:

```
this.scheduledExecutorService.scheduleAtFixedRate(new Runnable() {
    @Override
    public void run() {
        if (brokerController.getBrokerConfig().isBrokerFastFailureEnable()) {
            cleanExpiredRequest();
        }
    }
}, 1000, 10, TimeUnit.MILLISECONDS);
```

从以上代码可以看到,每间隔 10ms 会执行一次 cleanExpiredRequest()方法,清理一些非法、过期的请求,具体有如下 3 种处理方式:

第一种，系统繁忙时发送消息请求快速失败处理，具体代码如下：

```
while (this.brokerController.getMessageStore().isOSPageCacheBusy()) {
    try {
        if (!this.brokerController.getSendThreadPoolQueue().isEmpty()) {
            final Runnable runnable = this.brokerController.getSendThreadPoolQueue().poll(0, TimeUnit.SECONDS);
            if (null == runnable) {
                break;
            }
            final RequestTask rt = castRunnable(runnable);
            rt.returnResponse(RemotingSysResponseCode.SYSTEM_BUSY, String.format("[PCBUSY_CLEAN_QUEUE]broker busy, start flow control for a while, period in queue: %sms, size of queue: %d", System.currentTimeMillis() - rt.getCreateTimestamp(), this.brokerController.getSendThreadPoolQueue().size()));
        } else {
            break;
        }
    } catch (Throwable ignored) {
    }
}
```

当操作系统 Page Cache 繁忙时，会将发送消息请求从发送消息请求线程池工作队列中取出来，直接返回 SYSTEM_BUSY。如果此种情况持续发生说明系统已经不堪重负，需要增加系统资源或者扩容来减轻当前 Broker 的压力。

第二种，发送请求超时处理。

第三种，拉取消息请求超时处理。

第二种和第三种的代码逻辑与第一种代码逻辑的处理类似，如果出现了，说明请求在线程池的工作队列中排队时间超过预期配置的时间，那么增加排队等待时间即可。如果请求持续超时，说明系统可能达到瓶颈，那么需要增加系统资源或者扩容。

2. 内存映射机制与高效写磁盘

在了解了 RocketMQ 存储消息的过程后，读者应该还想知道，RocketMQ 是如何保证高效存储的呢？RocketMQ 在存储设计中通过内存映射、顺序写文件等方式实现了高吞吐——这些具体是怎么实现的呢？

下面介绍一些 RocketMQ 的基本数据结构。

org.apache.rocketmq.store.CommitLog：RocketMQ 对存储消息的物理文件的抽象实现，也就是物理 CommitLog 文件的具体实现。

org.apache.rocketmq.store.MappedFile：CommitLog 文件在内存中的映射文件，映射文件同时具有内存的写入速度和与磁盘一样可靠的持久化方式。

org.apache.rocketmq.store.MappedFileQueue：映射文件队列中有全部的 CommitLog 映射文件，第一个映射文件为最先过期的文件，最后一个文件是最后过期的文件，最新的消息总是写入最后一个映射文件。

CommitLog、MappedFileQueue、MappedFile 与物理 CommitLog 文件的关系如图 6-9 所示。

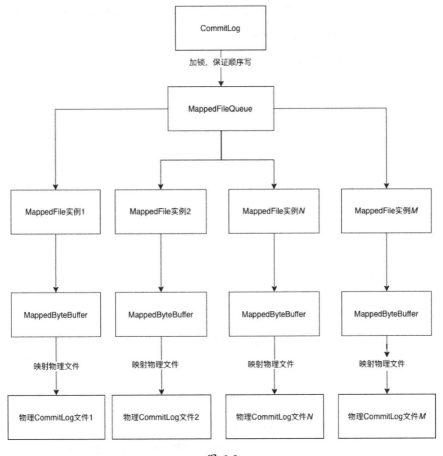

图 6-9

每个 MappedFileQueue 包含多个 MappedFile，就是真实的物理 CommitLog 文件。在

Java 中通过 java.nio.MappedByteBuffer 来实现文件的内存映射，即文件读写都是通过 MappedByteBuffer（其实是 Page Cache）来操作的。

写入数据时先加锁，然后通过 Append 方式写入最新 MappedFile。对于读取消息，大部分情况下用户只关心最新数据，而这些数据都在 Page Cache 中，也就是说，读写文件就是在 Page Cache 中进行的，其速度几乎等于直接操作内存的速度。

3. 文件刷盘机制

消息存储完成后，会被操作系统持久化到磁盘，也就是刷盘。

RocketMQ 支持两种刷盘方式，在 Broker 启动时配置 flushDiskType = SYNC_FLUSH 表示同步刷盘，配置 flushDiskType= ASYNC_FLUSH 表示异步刷盘。

刷盘涉及以下 3 个线程服务，类图继承关系如图 6-10 所示。

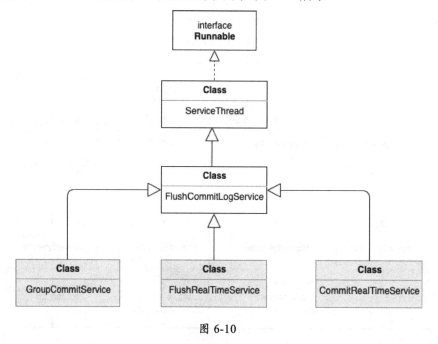

图 6-10

图 6-10 中的 GroupCommitService 就是 org.apache.rocketmq.store.CommitLog. GroupCommitService——同步刷盘服务。在 Broker 存储消息到 Page Cache 后，同步将 Page Cache 刷到磁盘，再返回客户端消息并写入结果，具体过程如图 6-11 所示。

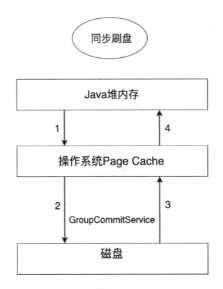

图 6-11

图 6-10 中的 FlushRealTimeService 就是 org.apache.rocketmq.store.CommitLog.FlushRealTimeService——异步刷盘服务。在 Broker 存储消息到 Page Cache 后，立即返回客户端写入结果，然后异步刷盘服务将 Page Cache 异步刷到磁盘，刷盘过程如图 6-12 所示。

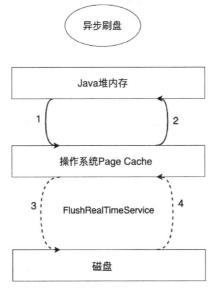

图 6-12

图 6-10 中的 CommitRealTimeService 就是 org.apache.rocketmq.store.CommitLog.CommitRealTimeService——异步转存服务。Broker 通过配置读写分离将消息写入直接内存（Direct Memory，简称 DM），然后通过异步转存服务，将 DM 中的数据再次存储到 Page Cache 中，以供异步刷盘服务将 Page Cache 刷到磁盘中，转存服务过程如图 6-13 所示。

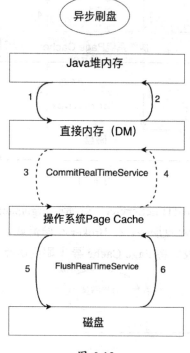

图 6-13

将消息成功保存到 CommitLog 映射文件后，调用 org.apache.rocketmq.store.CommitLog.handleDiskFlush()方法处理刷盘逻辑，具体实现代码如下：

```
public void handleDiskFlush(AppendMessageResult result,
                PutMessageResult putMessageResult,
                MessageExt messageExt) {
    // Synchronization flush
    if (FlushDiskType.SYNC_FLUSH ==
this.defaultMessageStore.getMessageStoreConfig().getFlushDiskType()) {
        ...
    }
    // Asynchronous flush
```

```
    else {
        if (!this.defaultMessageStore.getMessageStoreConfig()
                            .isTransientStorePoolEnable()) {
            flushCommitLogService.wakeup();
        } else {
            commitLogService.wakeup();
        }
    }
}
```

通过以上代码可知，同步刷盘、异步刷盘都是在这里发起的。异步刷盘的实现根据是否配置读写分离机制而稍有不同。

接下来我们介绍两种刷盘方式。

（1）同步刷盘

同步刷盘是一个后台线程服务，消息进行同步刷盘的流程如图 6-14 所示。

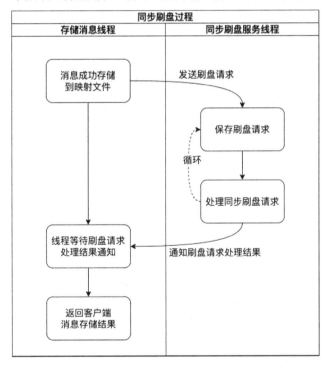

图 6-14

接下来我们介绍图 6-14 中两个线程的处理过程。

存储消息线程：6.2.2 节第一点讲解的存储消息流程所在的线程，主要负责将消息存储到 Page Cache 或者 DM 中，存储成功后通过调用 handleDiskFlush()方法将同步刷盘请求"发送"给 GroupCommitService 服务，并在该刷盘请求上执行锁等待，实现代码如下：

```
final GroupCommitService service = (GroupCommitService) this.Flush
CommitLogService;
    if (messageExt.isWaitStoreMsgOK()) {//客户端可以设置，默认为 True
        GroupCommitRequest request = new GroupCommitRequest(
            result.getWroteOffset() + result.getWroteBytes());
        service.putRequest(request);//"保存同步刷盘请求"
        boolean flushOK = request.waitForFlush(//请求同步锁等待
            this.defaultMessageStore.getMessageStoreConfig().getSyncFlushTimeout());
        if (!flushOK) {
            log.error(...);//记录刷盘超时日志
    putMessageResult.setPutMessageStatus(PutMessageStatus.FLUSH_DISK_TIMEOUT);
        }
    } else {
        service.wakeup();//异步刷盘，不用同步返回
    }
```

同步刷盘服务线程：通过 GroupCommitService 类实现的同步刷盘服务。

具体同步刷盘是怎么执行的，执行完成后又是如何将刷盘结果通知存储数据线程的呢？笔者总结如图 6-15 所示。

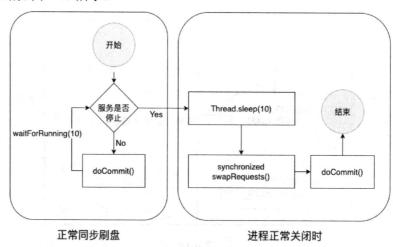

图 6-15

正常同步刷盘线程会间隔 10ms 执行一次 org.apache.rocketmq.store.CommitLog.GroupCommitService.doCommit()方法，该方法循环每一个同步刷盘请求，如果刷盘成功，那么唤醒等待刷盘请求锁的存储消息线程，并告知刷盘成功，实现代码如下：

```
boolean flushOK = false;
for (int i = 0; i < 2 && !flushOK; i++) {
flushOK = CommitLog.this.mappedFileQueue.getFlushedWhere() >= req.getNextOffset();//判断当前刷盘请求的消息是否已经刷盘
    if (!flushOK) {
      CommitLog.this.mappedFileQueue.flush(0);//执行刷盘
    }
}
req.wakeupCustomer(flushOK);//唤醒存储消息线程
```

由于操作系统刷盘耗时及每次刷多少字节数据到磁盘等，都不是 RocketMQ 进程能掌控的，所以在每次刷盘前都需要做必要的检查，以确认当前同步刷盘请求对应位点的消息是否已经被刷盘，如果已经被刷盘，当前刷盘请求就不需要执行。

在 RocketMQ 进程正常关闭时，如果有同步刷盘请求未执行完，那么数据会丢失吗？

答案是：不会的。通过图 6-15 我们得知，在关闭刷盘服务时，会执行 Thread.sleep(10) 等待所有的同步刷盘请求保存到刷盘请求队列中后，交换保存刷盘请求的队列，再执行 doCommit()方法。

（2）异步刷盘

如果 Broker 配置读写分离，则异步刷盘过程包含异步转存数据和真正的异步刷盘操作。

异步转存数据流程如图 6-16 所示。

异步转存数据是通过 org.apache.rocketmq.store.CommitLog.CommitRealTimeService.run()方法实现的。

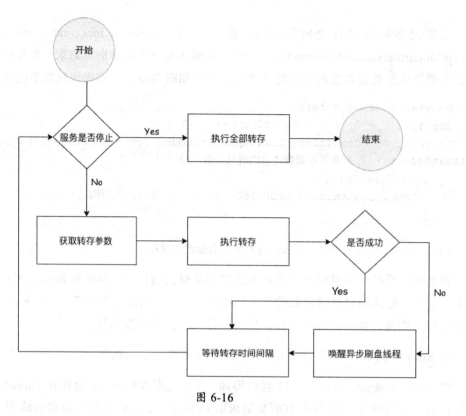

图 6-16

下面将介绍异步转存数据服务的核心的执行过程。

（1）获取转存参数。整个转存过程的参数都是可配置的，具体实现代码如下：

```
int interval =
    CommitLog.this.defaultMessageStore
        .getMessageStoreConfig()
        .getCommitIntervalCommitLog();
int commitDataLeastPages =
    CommitLog.this.defaultMessageStore
        .getMessageStoreConfig()
        .getCommitCommitLogLeastPages();
int commitDataThoroughInterval =
    CommitLog.this.defaultMessageStore
        .getMessageStoreConfig()
        .getCommitCommitLogThoroughInterval();
long begin = System.currentTimeMillis();
```

```
if (begin >= (this.lastCommitTimestamp + commitDataThoroughInterval)) {
    this.lastCommitTimestamp = begin;
    commitDataLeastPages = 0;
}
```

interval：对应的配置项名字是 commitIntervalCommitLog，转存操作线程两次执行操作的时间间隔默认为 200ms。

commitDataLeastPages：最小转存 Page Cache 的 Page 数，默认为 4。

commitDataThoroughInterval：对应配置项名字是 commitCommitLogThoroughInterval，两次转存操作的最长间隔时间默认为 200ms。

如果距离上次转存操作时间超过 commitCommitLogThoroughInterval，则设置 commitDataLeastPages=0，表示继续将上次未完成的数据刷盘。

（2）执行转存数据。转存实现代码如下：

```
long begin = System.currentTimeMillis();
...
boolean result = CommitLog.this.mappedFileQueue.commit(commitDataLeastPages);
//执行转存方法
long end = System.currentTimeMillis();
if (!result) {
    this.lastCommitTimestamp = end; // result = false means some data committed.
    flushCommitLogService.wakeup();//唤醒异步刷盘线程
}
if (end - begin > 500) {//日志记录转存耗时
    log.info("Commit data to file costs {} ms", end - begin);
}
```

转存过程主要调用 CommitLog.this.mappedFileQueue.commit() 方法转存数据，并且统计了转存耗时。如果转存耗时特别大，说明系统繁忙，应该考虑增加系统资源或者扩容。

CommitLog.this.mappedFileQueue.commit() 方法最终会调用 org.apache.rocketmq.store.MappedFile.commit0() 方法进行真正的数据转存，具体实现代码如下：

```
protected void commit0(final int commitLeastPages) {
    int writePos = this.wrotePosition.get();
    int lastCommittedPosition = this.committedPosition.get();
```

```
    if (writePos - this.committedPosition.get() > 0) {
        try {
            ByteBuffer byteBuffer = writeBuffer.slice();
            byteBuffer.position(lastCommittedPosition);
            byteBuffer.limit(writePos);
            this.fileChannel.position(lastCommittedPosition);
            this.fileChannel.write(byteBuffer);
            this.committedPosition.set(writePos);
        } catch (Throwable e) {
            log.error("Error occurred when commit data to FileChannel.", e);
        }
    }
}
```

下面对 org.apache.rocketmq.store.MappedFile.commit0()方法中的核心变量作如下说明：

wrotePosition：DM 中已写入的消息位置。

committedPosition：已经转存的消息位置。

writeBuffer：配置 Broker 读写分离后，当存储消息流传到 ByteBuffer 时，会优先写入 writeBuffer（实际是 DM，不是真正的 Page Cache，也可以叫作内存缓冲区）。

fileChannel：CommitLog 映射文件的读写通道。

org.apache.rocketmq.store.MappedFile.commit0()方法的作用就是将 writeBuffer（DM）中的数据读取出来，写入 fileChannel（CommitLog 映射文件）。

（3）转存失败，唤醒异步刷盘线程。转存数据失败，并不代表没有数据被转存到 Page Cache 中，而是说明有部分数据转存成功，部分数据转存失败。所以可以唤醒刷盘线程执行刷盘操作。而如果转存成功，则正常进行异步刷盘即可。

在异步转存服务和存储服务把消息写入 Page Cache 后，由异步刷盘服务将消息刷入磁盘中，过程如图 6-17 所示。

异步刷盘服务的主要功能是将 Page Cache 中的数据异步刷入磁盘，并记录 Checkpoint 信息。异步刷盘的实现代码主要在 org.apache.rocketmq.store.CommitLog.FlushRealTimeService.run()方法中，下面将分步骤进行讲解。

第 6 章 Broker 存储机制

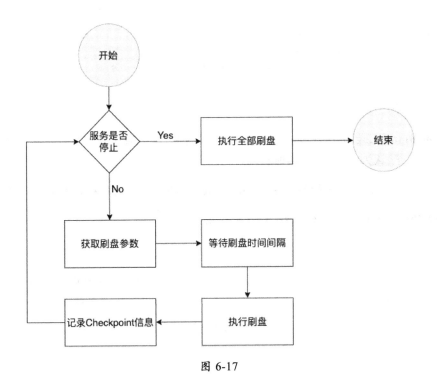

图 6-17

第一步，获取刷盘参数，相关代码如下：

```
boolean flushCommitLogTimed = CommitLog.this.defaultMessageStore
        .getMessageStoreConfig()
        .isFlushCommitLogTimed();
int interval = CommitLog.this.defaultMessageStore
        .getMessageStoreConfig()
        .getFlushIntervalCommitLog();
int flushPhysicQueueLeastPages = CommitLog.this.defaultMessageStore
        .getMessageStoreConfig()
        .getFlushCommitLogLeastPages();
int flushPhysicQueueThoroughInterval =
        CommitLog.this.defaultMessageStore.getMessageStoreConfig().getFlushCommitLogThoroughInterval();

boolean printFlushProgress = false;
// Print flush progress
long currentTimeMillis = System.currentTimeMillis();
    if (currentTimeMillis >= (this.lastFlushTimestamp + flushPhysicQueueThoroughInterval)) {
```

• 147 •

```
            this.lastFlushTimestamp = currentTimeMillis;
            flushPhysicQueueLeastPages = 0;
            printFlushProgress = (printTimes++ % 10) == 0;
        }
```

下面对代码中的核心变量做如下说明：

flushCommitLogTimed：是否定时刷盘，设置为 True 表示定时刷盘；设置为 False 表示实时刷盘。默认为 False，即实时刷盘。

interval：在 Broker 中配置项名是 flushIntervalCommitLog，刷盘间隔默认为 500ms。

flushPhysicQueueLeastPages：每次刷盘的页数，默认为 4 页。

flushPhysicQueueThoroughInterval：两次刷盘操作的最长间隔时间，默认为 10s。

当前刷盘操作距离上次刷盘时间大于 flushPhysicQueueThoroughInterval 时，设置 flushPhysicQueueLeastPages=0，表示继续将上次未完成的数据进行刷盘。

第二步，等待刷盘间隔。Broker 是如何实现定时和实时刷盘的呢？具体实现代码如下：

```
if (flushCommitLogTimed) {//定时刷盘
    Thread.sleep(interval);
} else {//实时刷盘
    this.waitForRunning(interval);
}
```

this.waitForRunning()方法是 RocketMQ 通过自定义锁实现的线程等待，如果没有通知过刷盘线程，则调用 waitPoint.reset()方法重置 count，调用 waitPoint.await()方法让当前刷盘线程等待 interval 时间（或者被唤醒）后，再执行刷盘，具体代码如下：

```
protected void waitForRunning(long interval) {
    if (hasNotified.compareAndSet(true, false)) {
        this.onWaitEnd();
        return;
    }
    //waitPoint 是基于 CountDownLatch 重写的 CountDownLatch2，增加了重置功能
    waitPoint.reset();
    try {
        waitPoint.await(interval, TimeUnit.MILLISECONDS);
    } catch (InterruptedException e) {
        log.error("Interrupted", e);
    } finally {
```

```
        hasNotified.set(false);
        this.onWaitEnd();
    }
}
```

异步刷盘线程是如何被唤醒的呢？当数据存储到 Page Cache 后，通过调用 org.apache.rocketmq.store.CommitLog.handleDiskFlush()方法唤醒异步刷盘线程。

第三步，执行刷盘。最终刷盘逻辑是在 org.apache.rocketmq.store.MappedFile.flush() 方法中实现的，代码如下：

```
if (this.isAbleToFlush(flushLeastPages)) {
    if (this.hold()) {
        int value = getReadPosition();
        try {
            //读写分离
            if (writeBuffer != null || this.fileChannel.position() != 0) {
                this.fileChannel.force(false);
            } else {
                //非读写分离
                this.mappedByteBuffer.force();
            }
        } catch (Throwable e) {
            log.error("Error occurred when force data to disk.", e);
        }

        this.flushedPosition.set(value);
        this.release();
    } else {
        log.warn("in      flush,    hold   failed,   flush   offset   =   "   +
this.flushedPosition.get());
        this.flushedPosition.set(getReadPosition());
    }
}
```

下面进行两个数据校验：this.isAbleToFlush(flushLeastPages)和 this.hold()。

this.isAbleToFlush(flushLeastPages)方法校验需要刷盘的页码中的数据是否被刷入磁盘，如果被刷入磁盘，则不用再执行刷盘操作；反之，则需计算是否还有数据需要刷盘。

this.hold()方法的功能是，在映射文件被销毁时尽量不要对在读写的数据造成困扰。所以 MappedFile 自己实现了引用计数功能，只有存在引用时才会执行刷盘操作。

在配置读写分离的场景下，writeBuffer 和 fileChannel 总是不为空。此时要调用 this.fileChannel.force(false)方法刷盘；而正常刷盘则是调用 this.mappedByteBuffer.force() 方法。

第四步，记录 Checkpoint 和耗时日志。这里主要记录最后刷盘成功时间和刷盘耗时超过 500ms 的情况。

至此，同步、异步刷盘过程讲解完毕，下面笔者分别就两者的优劣势做一个总结，如表 6-3 所示。

表 6-3

	异步实时刷盘	异步定时刷盘	同步刷盘
数据一致性	中	低	高
数据可靠性	低	低	高
数据可用性	中	低	高
系统吞吐量	高	高	低

6.2.3　Broker 读写分离机制

在 RocketMQ 中，有两处地方使用"读写分离"机制。

Broker Master-Slave 读写分离：写消息到 Master Broker，从 Slave Broker 读取消息。Broker 配置为 slaveReadEnable=True（默认 False），消息占用内存百分比配置为 accessMessageInMemoryMaxRatio=40（默认）。

Broker Direct Memory-Page Cache 读写分离：写消息到 Direct Memory（直接内存，简称 DM），从操作系统的 Page Cache 中读取消息。Master Broker 配置读写分离开关为 transientStorePoolEnable=True(默认 False)，写入 DM 存储数量，配置 transientStorePoolSize 至少大于 0（默认为 5，建议不修改），刷盘类型配置为 flushDiskType=FlushDiskType.ASYNC_FLUSH，即异步刷盘。

首先我们来讲 Master-Slave 读写分离机制。通常，都是 Master 提供读写处理，如果 Master 负载较高，就从 Slave 读取，整个过程如图 6-18 所示。

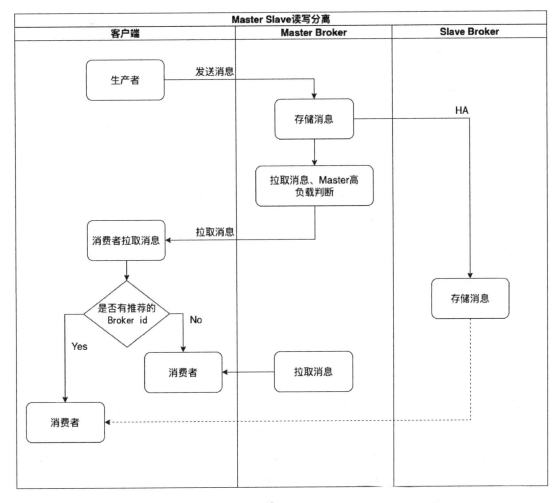

图 6-18

该机制的实现分为以下两个步骤。

第一步：Broker 在处理 Pull 消息时，计算下次是否从 Slave 拉取消息，是通过 org.apache.rocketmq.store.DefaultMessageStore.getMessage()方法实现的，代码如下：

```
SelectMappedBufferResult bufferConsumeQueue = consumeQueue.getIndexBuffer(offset);
if (bufferConsumeQueue != null) {
    try {
        ...
        long diff = maxOffsetPy - maxPhyOffsetPulling;
        long memory = (long) (StoreUtil.TOTAL_PHYSICAL_MEMORY_SIZE
```

```
                * (this.messageStoreConfig.getAccessMessageInMemoryMaxRatio() /
100.0));
        //设置下次从Master 或 Slave 拉取消息
        getResult.setSuggestPullingFromSlave(diff > memory);
    } finally {
        bufferConsumeQueue.release();
    }
}
```

下面讲解以上代码中的核心变量。

maxOffsetPy：表示当前 Master Broker 存储的所有消息的最大物理位点。

maxPhyOffsetPulling：表示拉取的最大消息位点。

diff：是上面两者的差值，表示还有多少消息没有拉取。

StoreUtil.TOTAL_PHYSICAL_MEMORY_SIZE：表示当前 Master Broker 全部的物理内存大小。

memory：Broker 认为可使用的最大内存，该值可以通过 accessMessageInMemoryMaxRatio 配置项决定，默认 accessMessageInMemoryMaxRatio=40，如果物理内存为 100MB，那么 memory=40MB。

diff > memory 表示没有拉取的消息比分配的内存大，如果 diff > memory 的值为 True，则说明此时 Master Broker 内存繁忙，应选择从 Slave 拉取消息。

第二步：通知客户端下次从哪个 Broker 拉取消息。在消费者 Pull 消息返回结果时，根据第一步设置的 suggestPullingFromSlave 值返回给消费者，该过程通过 org.apache.rocketmq.broker.processor.PullMessageProcessor.processRequest()方法实现，其核心代码如下：

```
if (getMessageResult.isSuggestPullingFromSlave()) {
responseHeader.setSuggestWhichBrokerId(subscriptionGroupConfig.getWhichB
rokerWhenConsumeSlowly());
    } else {
        responseHeader.setSuggestWhichBrokerId(MixAll.MASTER_ID);
    }
    ...
//slave 读取开关配置
    if (this.brokerController.getBrokerConfig().isSlaveReadEnable()) {
        // 第一步查询消息的结果
```

```
    if (getMessageResult.isSuggestPullingFromSlave()) {
responseHeader.setSuggestWhichBrokerId(subscriptionGroupConfig.getWhichB
rokerWhenConsumeSlowly());
    }
    // consume ok
    else {
responseHeader.setSuggestWhichBrokerId(subscriptionGroupConfig.getBroker
Id());
    }
} else {
    responseHeader.setSuggestWhichBrokerId(MixAll.MASTER_ID);
}
```

通过查看以上代码，我们知道要想从 Slave 读取消息，需要设置 slaveReadEnable=True，此时会根据第一步返回的 suggestPullingFromSlave 值告诉客户端下次可以从哪个 Broker 拉取消息。suggestPullingFromSlave=1 表示从 Slave 拉取，suggestPullingFromSlave=0 表示从 Master 拉取。

在了解了 Master-Slave 读写分离机制后，我们接着讲解 Direct Memory-Page Cache 的读写分离机制，如图 6-19 所示。

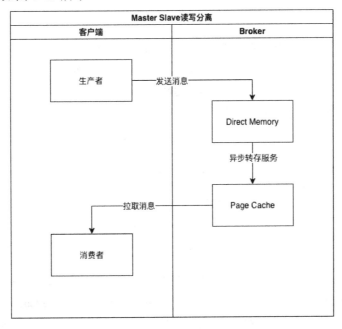

图 6-19

以上逻辑通过 org.apache.rocketmq.store.MappedFile.appendMessagesInner()方法来实现，核心代码如下：

```
ByteBuffer byteBuffer = writeBuffer != null ?
        writeBuffer.slice() : this.mappedByteBuffer.slice();
byteBuffer.position(currentPos);
AppendMessageResult result = null;
if (messageExt instanceof MessageExtBrokerInner) {
    result = cb.doAppend(
            this.getFileFromOffset(),
            byteBuffer,
            this.fileSize - currentPos,
            (MessageExtBrokerInner) messageExt
    );
} else if (messageExt instanceof MessageExtBatch) {
    result = cb.doAppend(
            this.getFileFromOffset(),
            byteBuffer,
            this.fileSize - currentPos,
            (MessageExtBatch) messageExt
    );
}
```

这段代码中，writeBuffer 表示从 DM 中申请的缓存；mappedByteBuffer 表示从 Page Cache 中申请的缓存。如果 Broker 设置 transientStorePoolEnable=true，并且异步刷盘，则存储层 org.apache.rocketmq.store.DefaultMessageStore 在初始化时会调用 TransientStorePool.init()方法（按照配置的 Buffer 个数）初始化 writeBuffer。初始化代码如下：

```
public DefaultMessageStore(...) throws IOException {
    ...
    this.transientStorePool = new TransientStorePool(messageStoreConfig);
    if (messageStoreConfig.isTransientStorePoolEnable()) {
        this.transientStorePool.init();
    }
    ...
}
```

初始化 writeBuffer 后，当生产者将消息发送到 Broker 时，Broker 将消息写入 writeBuffer，然后被异步转存服务不断地从 DM 中 Commit 到 Page Cache 中。消费者此时从哪儿读取数据呢？消费者拉取消息的实现在 org.apache.rocketmq.store.MappedFile.selectMappedBuffer()方法中，具体代码如下：

```
if (this.hold()) {
    ByteBuffer byteBuffer = this.mappedByteBuffer.slice();
    byteBuffer.position(pos);
    ByteBuffer byteBufferNew = byteBuffer.slice();
    byteBufferNew.limit(size);
    return new SelectMappedBufferResult(this.fileFromOffset + pos,
byteBufferNew, size, this);
}
```

从代码中可以看到，消费者始终从 mappedByteBuffer（即 Page Cache）读取消息。

至此，两种读写分离方式介绍完毕。读写分离能够最大限度地提供吞吐量，同时会增加数据不一致的风险，建议读者在生产环境中慎用。

6.3 Broker CommitLog 索引机制

绝大部分存储组件都有索引机制，RocketMQ 也一样，有巨量堆积能力的同时，通过索引可以加快读取和查询。

本节主要讲解 RocketMQ 的 ConsumeQueue 和 IndexFile 两种索引的基本原理：

- 索引的数据结构。
- 索引的构建过程。
- 索引如何使用。

6.3.1 索引的数据结构

索引，是为增加查询速度而设计的一种数据结构。在 RocketMQ 中也是以文件形式保存在 Broker 中的。从 6.1.1 节中我们得知，Broker 中有两种索引：Consumer Queue 和 Index File。

第一种，Consumer Queue：消费队列，主要用于消费拉取消息、更新消费位点等所用的索引。源代码可以参考文件 org.apache.rocketmq.store.ConsumeQueue，如图 6-20 所示，文件内保存了消息的物理位点、消息体大小、消息 Tag 的 Hash 值。

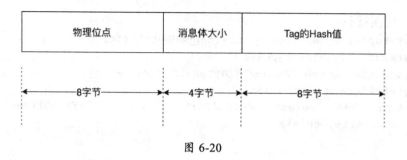

图 6-20

物理位点：消息在 CommitLog 中的位点值。

消息体大小：包含消息 Topic 值大小、CRC 值大小、消息体大小等全部数据的总大小，单位是字节。

Tag 的 Hash 值：由 org.apache.rocketmq.store.MessageExtBrokerInner.tagsString2tagsCode() 方法计算得来。如果消息有 Tag 值，那么该值可以通过 String 的 Hashcode 获得。

第二种，Index File：是一个 RocketMQ 实现的 Hash 索引，主要在用户用消息 key 查询时使用，该索引是通过 org.apache.rocketmq.store.index.IndexFile 类实现的。

在 RocketMQ 中同时存在多个 Index File 文件，这些文件按照消息产生的时间顺序排列，如图 6-21 所示。

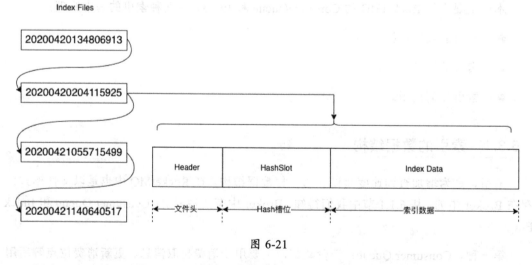

图 6-21

每个 Index File 文件包含文件头、Hash 槽位、索引数据。每个文件的 Hash 槽位个数、索引数据个数都是固定的。Hash 槽位可以通过 Broker 启动参数 maxHashSlotNum 进行配置，默认值为 500 万；索引数据可以通过 Broker 启动参数 maxIndexNum 进行配置，默认值为 500 万×4=2000 万，一个 Index File 约为 400MB。

Index File 的索引设计在一定程度上参考了 Java 中的 HashMap 设计，只是当 Index File 遇到 Hash 碰撞时只会用链表，而 Java 8 中在一定情况下链表会转化为红黑树。具体 Index File 的 Hash 槽和索引数据之间是如何处理 Hash 碰撞的呢？如图 6-22 所示。

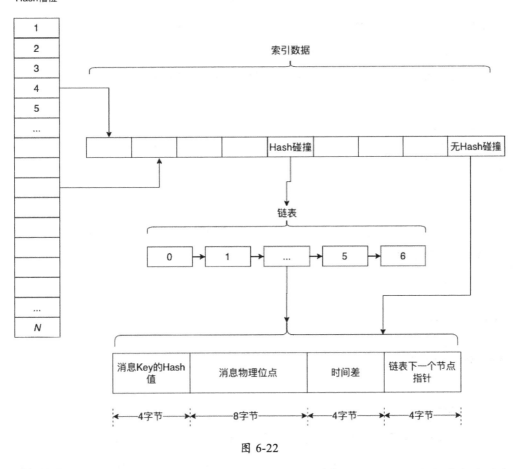

图 6-22

在 Hash 碰撞时，Hash 槽位中保存的总是最新消息的指针，这是因为在消息队列中，用户最关心的总是最新的数据。

6.3.2 索引的构建过程

1. 创建 Consume Queue 和 Index File

Consume Queue 和 Index File 两个索引都是由 org.apache.rocketmq.store.ReputMessageService 类创建的，该类的类图关系如图 6-23 所示。

从图 6-23 可知，ReputMessageService 是一个后台线程服务，启动和初始化都是在存储模块类 org.apache.rocketmq.store.DefaultMessageStore 的构造函数中完成的。

ReputMessageService 服务启动后的执行过程如图 6-24 所示。

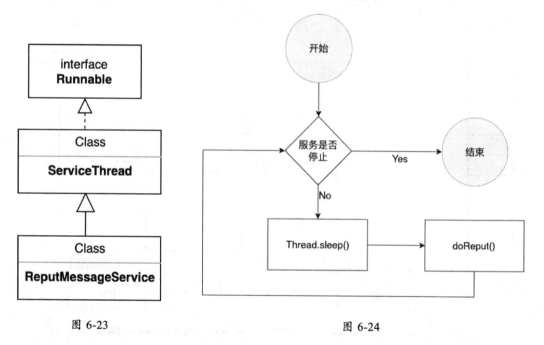

图 6-23   图 6-24

doReput()方法用于创建索引的入口，通常通过以下几个步骤来创建索引：

第一步：从 CommitLog 中查找未创建索引的消息，将消息组装成 DispatchRequest 对象，该逻辑主要在 org.apache.rocketmq.store.CommitLog.checkMessageAndReturnSize()方法中实现。

第二步：调用 doDispatch()方法，该方法会循环多个索引处理器（这里初始化了

CommitLogDispatcherBuildConsumeQueue 和 CommitLogDispatcherBuildIndex 两个索引处理器）并调用索引处理器的 dispatch()方法来处理 DispatchRequest。

CommitLogDispatcherBuildConsumeQueue 索引处理器用于构建 Consume Queue，CommitLogDispatcherBuildIndex 用于构建 Index file。

Consume Queue 是必须创建的，Index File 是否需要创建则是通过设置 messageIndexEnable 为 True 或 False 来实现的，默认为 True。

Consume Queue 的索引信息被保存到 Page Cache 后，其持久化的过程和 CommitLog 异步刷盘的过程类似，执行 DefaultMessageStore.FlushConsumeQueueService 服务，具体过程不再赘述。

2. 索引创建失败怎么办

如果消息写入 CommitLog 后 Broker 宕机了，那么 Consume Queue 和 Index File 索引肯定就创建失败了。此时 ReputMessageService 如何保证创建索引的可靠性呢？

Consume Queue 和 Index File 每次刷盘时都会做 Checkpoint 操作，Broker 每次重启的时候可以根据 Checkpoint 信息得知哪些消息还未创建索引。具体 Checkpoint 机制是如何实现的，后面（6.6 节）会讲。

6.3.3 索引如何使用

1. 按照位点查消息

RocketMQ 支持 Pull 和 Push 两种消费模式，Push 模式是基于 Pull 模式的，两种模式都是通过拉取消息进行消费和提交位点的。这里我们主要讲 Broker 在处理客户端拉取消息请求时是怎么查询消息的，先来看一下 Broker 的实现代码：

```
org.apache.rocketmq.store.DefaultMessageStore.getMessage(
    final String group,
    final String Topic,
    final int queueId,
    final long offset,
    final int maxMsgNums,
    final MessageFilter messageFilter
)
```

下面对 getMessage() 方法的参数进行说明。

group：消费者组名。

Topic：主题名字，group 订阅了 Topic 才能拉取到消息。

queueId：一般一个 Topic 会有很多分区，客户端轮询全部分区，拉取并消费消息。

offset：拉取位点大于等于该值的消息。

maxMsgNums：一次拉取多少消息，在客户端由 pullBatchSize 进行配置。

messageFilter：消息过滤器。

getMessage() 方法查询消息的过程如图 6-25 所示。

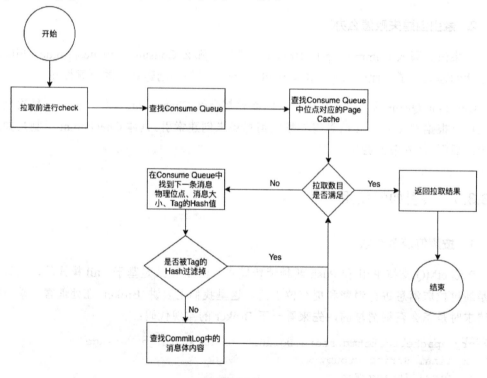

图 6-25

getMessage() 方法查询消息的过程可以分为以下几个步骤。

第一步：拉取前校验。校验 DefaultMessageStore 服务是否已经关闭（正常关闭进程时会被关闭），校验 DefaultMessageStore 服务是否可读。

第二步：根据 Topic 和 queueId 查找 ConsumeQueue 索引映射文件。判断根据查找到的 ConsumeQueue 索引文件校验传入的待查询的位点值是否合理，如果不合理，重新计算下一次可以拉取的位点值。

第三步：循环查询满足 maxMsgNums 条数的消息。循环从 ConsumeQueue 中读取消息物理位点、消息大小和消息 Tag 的 Hash 值。先做 Hash 过滤，再使用过滤后的消息物理位点到 CommitLog 中查找消息体，并放入结果列表中。

第四步：监控指标统计，返回拉取的消息结果。

2. 按照时间段查消息

这是社区提供的管理平台的功能，输入 Topic、起始时间、结束时间可以查到这段时间内的消息。这是一个根据 Consume Queue 索引查询消息的扩展查询，具体步骤如下：

第一步：查找这个 Topic 的所有 Queue。

第二步：在每一个队列中查找起始时间、结束时间对应的起始 offset 和最后消息的 offset。

如何根据时间查找物理位点呢？主要在于构建 Consume Queue，这个文件是按照时间顺序写的，6.3.1 节中讲过，每条消息的索引数据结构大小是固定 20 字节。可以根据时间做二分折半搜索，找到与时间最接近的一个位点。具体实现逻辑在 org.apache.rocketmq.store.ConsumeQueue.getOffsetInQueueByTime（final long timestamp）方法中。

第三步：根据起始位点、最后消息位点和 Topic，循环拉取所有 Queue 就可以拉取到消息。

3. 按照 key 查询消息

如果通过设置 messageIndexEnable=True(默认是 True)来开启 Index 索引服务，那么在写入消息时会根据 key 自动构建 Index File 索引。用户可以通过 Topic 和 key 查询消息，查询方法为 org.apache.rocketmq.store. ConsumeQueue.queryMessage(String Topic, String key, int maxNum, long begin, long end)。

queryMessage()方法的查询过程与按照位点查询消息的过程类似，下面简单介绍该方法的实现过程：

第一步：调用 indexService.queryOffset()方法，通过 Topic、key 查找目标消息的物理位点信息。

第二步：根据物理位点信息在 CommitLog 中循环查找消息体内容。

第三步：返回查询结果。

6.4 Broker 过期文件删除机制

通过 6.2 节和 6.3 节可知，RocketMQ 中主要保存了 CommitLog、Consume Queue、Index File 三种数据文件。由于内存和磁盘都是有限的资源，Broker 不可能永久地保存所有数据，所以一些超过保存期限的数据会被定期删除。RocketMQ 通过设置数据过期时间来删除额外的数据文件，具体的实现逻辑是通过 org.apache.rocketmq.store.DefaultMessageStore.start() 方法启动的周期性执行方法 DefaultMessageStore.this.cleanFilesPeriodically() 来实现的。

6.4.1 CommitLog 文件的删除过程

CommitLog 文件由 org.apache.rocketmq.store.DefaultMessageStore.CleanCommitLogService 类提供的一个线程服务周期执行删除操作，实现代码如下：

```
public void run() {
    try {
        this.deleteExpiredFiles();

        this.redeleteHangedFile();
    } catch (Throwable e) {
        DefaultMessageStore.log.warn(this.getServiceName() + " service has exception. ", e);
    }
}
```

上述删除代码中，this.deleteExpiredFiles()的功能是删除过期文件，当满足三个条件时执行删除操作。

第一，当前时间等于已经配置的删除时间。

第二，磁盘使用空间超过 85%。

第三，手动执行删除（开源版本 RocketMQ 4.2.0 不支持）。

接下来将详细讲解 this.deleteExpiredFiles()方法的实现逻辑，代码如下：

```
private void deleteExpiredFiles() {
    ...
    if (timeup || spacefull || manualDelete) {
        if (manualDelete)
            this.manualDeleteFileSeveralTimes--;
        ...
        fileReservedTime *= 60 * 60 * 1000;

        deleteCount = DefaultMessageStore.this.commitLog.deleteExpiredFile(
            fileReservedTime,
            deletePhysicFilesInterval,
            destroyMapedFileIntervalForcibly,
            cleanAtOnce);
        if (deleteCount > 0) {
        } else if (spacefull) {
            log.warn("disk space will be full soon, but delete file failed.");
        }
    }
}
```

DefaultMessageStore.this.commitLog.deleteExpiredFile() 方法直接调用了 this.mappedFileQueue.deleteExpiredFileByTime()方法，我们主要讲解这个方法是如何删除 CommitLog 文件的，具体代码如下：

```
public int deleteExpiredFileByTime(
        final long expiredTime, final int deleteFilesInterval,
        final long intervalForcibly,final boolean cleanImmediately) {
    //全部 CommitLog 文件
    Object[] mfs = this.copyMappedFiles(0);
    ...
    List<MappedFile> files = new ArrayList<MappedFile>();//已经删除的文件
    if (null != mfs) {
        for (int i = 0; i < mfsLength; i++) {
```

```
                MappedFile mappedFile = (MappedFile) mfs[i];
                long liveMaxTimestamp = mappedFile.getLastModifiedTimestamp()
+ expiredTime;
                //删除条件：过期或者必须立即清除
                if (System.currentTimeMillis() >= liveMaxTimestamp ||
cleanImmediately) {
                    if (mappedFile.destroy(intervalForcibly)) {//关闭文件映射,
删除物理文件
                        files.add(mappedFile);
                        deleteCount++;
                        ...
                    } else {
                        break;
                    }
                } else {
                    break;
                }
            }
        }
        deleteExpiredFile(files);//删除内存中的文件信息
        return deleteCount;
    }
```

deleteExpiredFileByTime()方法的实现分为如下两步：

第一步：克隆全部的 CommitLog 文件。CommitLog 文件可能随时有数据写入，为了不影响正常写入，所以克隆一份来操作。

第二步：检查每一个 CommitLog 文件是否过期，如果已过期则立即通过调用 destroy() 方法进行删除。在删除前会做一系列检查：检查文件被引用的次数、清理映射的所有内存数据对象、释放内存。清理完成后，删除物理文件。

```
        destroy()方法的实现代码如下：
    public boolean destroy(final long intervalForcibly) {
        this.shutdown(intervalForcibly);// 检查引用数等
        if (this.isCleanupOver()) {//确认消费检查是否完成
            try {
                this.fileChannel.close();//关闭文件
                log.info("close file channel " + this.fileName + " OK");

                long beginTime = System.currentTimeMillis();
                boolean result = this.file.delete();//删除物理文件
```

```
                log.info("delete file[REF:" + this.getRefCount() + "] " +
this.fileName
                    + (result ? " OK, " : " Failed, ") + ",W:" + this.getWrotePosition()
+ " M:"
                    + this.getFlushedPosition() + ", "
                    + UtilAll.computeEclipseTimeMilliseconds(beginTime));
            } catch (Exception e) {
                log.warn("close file channel " + this.fileName + " Failed. ", e);
            }
            return true;
        } else {
            log.warn("destroy mapped file[REF:" + this.getRefCount() + "] " +
this.fileName
                + " Failed. cleanupOver: " + this.cleanupOver);
        }
        return false;
    }
```

上述销毁 CommitLog 文件的代码中，this.redeleteHangedFile()方法表示再次删除被挂起的过期文件，为什么会有被挂起的文件呢？

第一次删除有可能失败，比如有线程引用该过期文件，内存映射清理失败等，都可能导致删除失败。如果文件已经关闭，删除前检查没有通过，则可以通过第二次删除来处理。redeleteHangedFile()方法的实现代码如下：

```
    public boolean retryDeleteFirstFile(final long intervalForcibly) {
        MappedFile mappedFile = this.getFirstMappedFile();
        if (mappedFile != null) {
            if (!mappedFile.isAvailable()) {
                log.warn("the mappedFile was destroyed once, but still alive, "
+ mappedFile.getFileName());
                boolean result = mappedFile.destroy(intervalForcibly);
                if (result) {
                    log.info("the mappedFile re delete OK, " + mappedFile.
getFileName());
                    List<MappedFile> tmpFiles = new ArrayList<MappedFile>();
                    tmpFiles.add(mappedFile);
                    this.deleteExpiredFile(tmpFiles);
                } else {
                    log.warn("the mappedFile re delete failed, " + mappedFile.
getFileName());
                }
```

```
            return result;
        }
    }
    return false;
}
```

6.4.2 Consume Queue、Index File 文件的删除过程

Consume Queue 和 Index File 都是索引文件，在 CommitLog 文件被删除后，对应的索引文件其实没有存在的意义，并且占用磁盘空间，所以这些文件应该被删除。

RocketMQ 的删除策略是定时检查，满足删除条件时会删除过期或者无意义的文件。

通过查看代码我们得知，最终程序调用 CleanConsumeQueueService.deleteExpiredFiles() 方法来删除索引文件，具体实现代码如下：

```
private void deleteExpiredFiles() {
    int deleteLogicsFilesInterval = DefaultMessageStore.this
        .getMessageStoreConfig().getDeleteConsumeQueueFilesInterval();

    long minOffset = DefaultMessageStore.this.commitLog.getMinOffset();
    if (minOffset > this.lastPhysicalMinOffset) {
        this.lastPhysicalMinOffset = minOffset;
        ConcurrentMap<String, ConcurrentMap<Integer, ConsumeQueue>> tables =
            DefaultMessageStore.this.consumeQueueTable;

        for (ConcurrentMap<Integer, ConsumeQueue> maps : tables.values()) {
            for (ConsumeQueue logic : maps.values()) {
                int deleteCount = logic.deleteExpiredFile(minOffset);

                if (deleteCount > 0 && deleteLogicsFilesInterval > 0) {
                    try {
                        Thread.sleep(deleteLogicsFilesInterval);
                    } catch (InterruptedException ignored) {
                    }
                }
            }
        }
        DefaultMessageStore.this.indexService.deleteExpiredFile(minOffset);
    }
}
```

下面对以上代码的核心变量做如下介绍：

minOffset：CommitLog 全部文件中的最小物理位点。

lastPhysicalMinOffset：上次检查到的最小物理位点。

当 minOffset > this.lastPhysicalMinOffset 时，说明当前有新数据没有被检查过，就会调用 org.apache.rocketmq.store.MappedFileQueue.deleteExpiredFileByOffset() 方法进行检查及删除，具体实现代码如下：

```
boolean destroy;
if (result != null) {
    long maxOffsetInLogicQueue = result.getByteBuffer().getLong();
    result.release();
    destroy = maxOffsetInLogicQueue < offset;
    if (destroy) {
        log.info("physic min offset " + offset + ", logics in current mappedFile max offset "
            + maxOffsetInLogicQueue + ", delete it");
    }
} else if (!mappedFile.isAvailable()) {
    log.warn("Found a hanged consume queue file, attempting to delete it.");
    destroy = true;
}
```

maxOffsetInLogicQueue 是 Consume Queue 中最大的位点值，offset 是检查的最小位点，如果 maxOffsetInLogicQueue < offset 说明该 Consume Queue 已经过期了，可以删除；如果 mappedFile.isAvailable() 返回 False，说明存储服务已经被关闭（或者该文件曾经被删除，但是删除失败），这种文件也是可以删除的。

至此，Consume Queue 文件的删除过程讲解完毕。对于 Index File 索引文件，则是通过调用 indexService.deleteExpiredFile() 方法进行删除的，该方法的实现过程和 Consume Queue 的删除过程类似，不再赘述。

6.5 Broker 主从同步机制

当前主流的分布式组件中，可用性都是必备的。本节主要讲 RocketMQ 中可用性的设计和实现方式，主要内容有如下两个方面：

- 主从同步介绍。
- 主从同步流程。

6.5.1 主从同步概述

我们知道 Broker 有两种角色 Master 和 Slave。Master 主要用于处理生产者、消费者的请求和存储数据。Slave 从 Master 同步所有数据到本地,具体作用体现在以下两方面。

第一,Broker 服务高可用。一般生产环境不会部署两个主 Broker 节点和两个从 Broker 节点(也叫 2m2s),一个 Master 宕机后,另一个 Master 可以接管工作;如果两个 Master 都宕机,消费者可以通过连接 Slave 继续消费。这样可以保证服务的高可用。

第二,提高服务性能。如果消费者从 Master Broker 拉取消息时,发现拉取消息的 offset 和 CommitLog 的物理 offset 相差太多,会转向 Slave 拉取消息,这样可以减轻 Master 的压力,从而提高性能。

Broker 同步数据的方式有两种:同步复制、异步复制。

同步复制是指客户端发送消息到 Master,Master 将消息同步复制到 Slave 的过程,可以通过设置参数 brokerRole=BrokerRole.SYNC_MASTER 来实现。这种消息配置的可靠性很强,但是效率比较低,适用于金融、在线教育等对消息有强可靠需求的场景。

异步复制是指客户端发送消息到 Master,再由异步线程 HAService 异步同步到 Slave 的过程,可以通过设置参数 brokerRole=BrokerRole.ASYNC_MASTER 来实现。这种消息配置的效率非常高,可靠性比同步复制差,适用于大部分业务场景。

Broker 主从同步数据有两种:配置数据和消息数据。配置数据主要包含 Topic 配置、消费者位点信息、延迟消息位点信息、订阅关系配置等。

Broker 主从同步的逻辑是通过 org.apache.rocketmq.broker.slave.SlaveSynchronize.syncAll()方法实现的。该方法在 org.apache.rocketmq.broker.BrokerController.initialize()方法中被初始化,每 60s 同步一次,并且同步周期不能修改。

消息数据是生产者发送的消息,保存在 CommitLog 中,由 HAService 服务实时同步到 Slave Broker 中。所有实现类都在 org.apache.rocketmq.store.ha 包下。

6.5.2 主从同步流程

1. 名词解释

Broker 中有很多类用于处理 Master 和 Slave 之间的数据同步。这里做一个简单总结，如表 6-4 所示，方便大家在后两节理解同步流程。

表 6-4

服务名	功能
SlaveSynchronize	Slave 从 Master 同步配置数据的服务
HAService	Slave 从 Master 同步 CommitLog 数据
HAConnection	Slave 连接信息
HAConnection.WriteSocketService	Master：将 CommitLog 写入网络，发送给 Salve Slave：上报本地 offset 的请求
HAConnection.ReadSocketService	Master：读取 Slave 发送的 offset 请求 Slave：读取 Master 发送过来的 CommitLog 数据
HAClient	Slave 处理与 Master 通信的客户端封装
GroupTransferService	同步复制时，提供新数据通知服务
AcceptSocketService	Master 接受 Slave 发送的上报 offset 请求的服务

2. 配置数据同步流程

配置数据包含 4 种类型：Topic 配置、消费者位点、延迟位点、订阅关系配置。每种配置数据由一个继承自 ConfigManager 的类来管理，它们的继承关系如图 6-26 所示。

Slave 如何从 Master 同步这些配置呢？先来看一下初始化服务的步骤：

第一步：Master Broker 在启动时，初始化一个 BrokerOuterAPI，这个服务的功能包含 Broker 注册到 Namesrv、Broker 从 Namesrv 解绑、获取 Topic 配置信息、获取消费者位点信息、获取延迟位点信息及订阅关系等。

第二步：Slave Broker 在初始化 Controller 的定时任务时，会初始化 SlaveSynchronize 服务，每 60s 调用一次 SlaveSynchronize.syncAll() 方法。

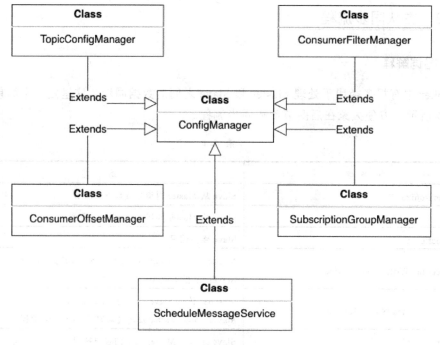

图 6-26

第三步：syncAll()方法依次调用 4 种配置数据(Topic 配置、消费者位点、延迟位点、订阅关系配置)的同步方法同步全量数据，具体代码如下：

```
public void syncAll() {
    this.syncTopicConfig();
    this.syncConsumerOffset();
    this.syncDelayOffset();
    this.syncSubscriptionGroupConfig();
}
```

第四步：syncAll()中执行的 4 个方法都通过 Remoting 模块同步调用 BrokerOuterAPI，并从 Master Broker 获取数据，保存到 Slave 中。

第五步：Topic 配置和订阅关系配置随着保存内存信息的同时持久化到磁盘上；消费者位点通过 BrokerController 初始化定时任务持久化到磁盘上；延迟位点信息通过 ScheduleMessageService 定时将内存持久化到磁盘上，如图 6-27 所示。

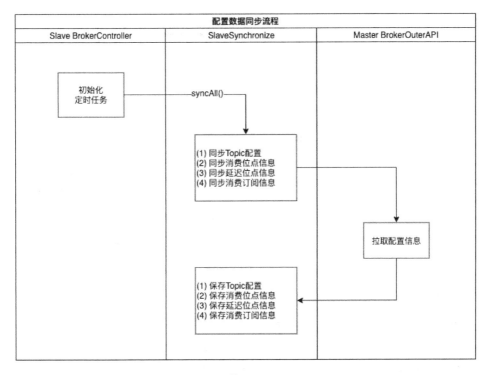

图 6-27

3. CommitLog 数据同步流程

CommitLog 的数据同步分为同步复制和异步复制两种。同步复制是生产者生产消息后，等待 Master Broker 将数据同步到 Slave Broker 后，再返回生产者数据存储状态；异步复制是生产者在生产消息后，不用等待 Slave 同步，直接返回 Master 存储结果，如图 6-28 所示。

下面分别对异步复制和同步复制做一个详细的讲解。

（1）异步复制。Master Broker 启动时会启动 HAService.AcceptSocketService 服务，当监听到来自 Slave 的注册请求时会创建一个 HAConnection，同时 HAConnection 会创建 ReadSocketService 和 WriteSocketService 两个服务并启动，开始主从数据同步。

ReadSocketService 接收 Slave 同步数据请求，并将这些信息保存在 HAConnection 中。WriteSocketService 根据 HAConnection 中保存的 Slave 同步请求，从 CommitLog 中查询数据，并发送给 Slave。

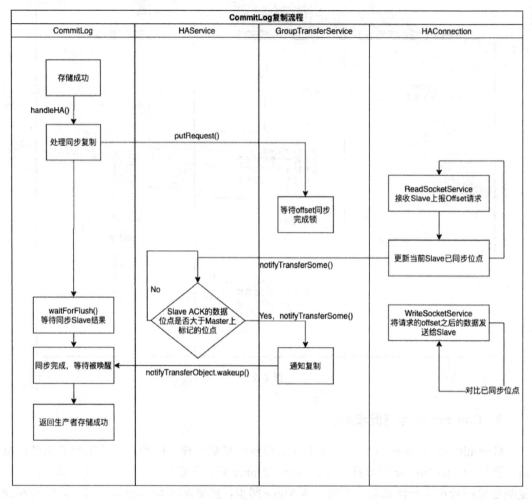

图 6-28

彩蛋：ReadSocketService 和 WriteSocketService 是两个独立工作的线程服务，它们通过 HAConnection 中的公共变量将 CommitLog 同步给 Slave。

HAConnection 的部分代码如下：

```
public class HAConnection {
    ...
    private final HAService haService;
    private final SocketChannel socketChannel;
    private final String clientAddr;
```

```
        private volatile long slaveRequestOffset = -1;
        private volatile long slaveAckOffset = -1;
        class ReadSocketService extends ServiceThread{}
        class WriteSocketService extends ServiceThread{}
        ...
}
```

slaveRequestOffset 表示 slave 请求同步的位点值，slaveAckOffset 表示 slave 已经保存的位点值。在此请读者想一想，slaveRequestOffset 和 slaveAckOffset 为什么需要使用 volatile 作为关键字呢？

（2）同步复制。在 CommitLog 将消息存储到 Page Cache 后，会调用 CommitLog.handleHA()方法处理同步复制，核心代码如下：

```
public void handleHA(AppendMessageResult result,
            PutMessageResult putMessageResult,
            MessageExt messageExt) {
    if    (BrokerRole.SYNC_MASTER    ==    this.defaultMessageStore.
getMessageStoreConfig().getBrokerRole()) {
        ...
        HAService service = this.defaultMessageStore.getHaService();
        GroupCommitRequest    request    =    new    GroupCommitRequest(result.
getWroteOffset() + result.getWroteBytes());
        service.putRequest(request);
        service.getWaitNotifyObject().wakeupAll();
        boolean flushOK = request.waitForFlush(this.defaultMessageStore
                        .getMessageStoreConfig()
                        .getSyncFlushTimeout());
        ...
    }
}
```

通过以上代码可知，当 brokerRole 配置为 SYNC_MASTER 时，表示当前 Master Broker 需要同步将消息"发送"到 Slave。根据 Master Broker CommitLog 的存储结果构造一个 GroupCommitRequest 放入 HAService 中，再将 GroupCommitRequest 放入 GroupTransferService 服务中，等待 GroupTransferService 同步成功的锁。如果同步成功那么 GroupCommitRequest 中的锁会被唤醒，并设置 flushOK 为 True，表示生产者发送的消息被 Master Broker 和 Slave Broker 同时保存。

一个 Master Broker 可以配置多个 Slave Broker，当需要同步数据时，通过

service.getWaitNotifyObject().wakeupAll()来唤醒全部的 Slave 同步。虽然多个 Slave 都同步了数据，但是一旦 Master Broker 不可用时，消费者只会从一个 Slave 中拉取消息，所以生产环境建议 Slave 不要配置太多。

彩蛋：Slave 在发送请求数据的 Request 时，会带上 Slave 请求的位点 HAConnection.slaveRequestOffset，该值如果等于-1（默认），则表示没有 Slave 请求过位点数据。

ReadSocketService 后台服务不断接收 Slave Broker 上报的 offset，每上报一次都通知 HAService.notifyTransferSome()方法，判断 Slave 同步的位点是否大于 Master 标记的已同步位点。如果大于则更新标记值，同时通知同步复制服务 GroupTransferService。GroupTransferService 扫描所有的同步请求，依次判断哪些 GroupCommitRequest 的待同步复制的位点是比已同步位点小的，释放 GroupCommitRequest 中的锁，消息处理线程可以将消息存储成功的结果返回给生产者。

这里可能读者会有疑问，消费队列文件（Consume Queue）和索引文件（Index File）为什么没有同步给 Slave 呢？我们回头看一下 6.3.2 节就会知道，这两个文件都可以在 Slave Broker 上追加 CommitLog 后由 ReputMessageService 进行创建，所以不需要同步。

6.6 Broker 的关机恢复机制

可靠性也是当前主流分布式产品的必备特性之一，对于一个金融级可靠的消息队列组件来讲更是如此。

本节主要讲解内容如下：

- 关机恢复机制的相关文件和实现原理。
- 关机恢复机制的恢复过程。

6.6.1 Broker 关机恢复概述

Broker 关机恢复是指恢复 CommitLog、Consume Queue、Index File 等数据文件。Broker 关机分为正常调用命令关机和异常被迫进程终止关机两种情况。恢复过程的设计目标是使正常停止的进程实现零数据丢失，异常停止的进程实现最少量的数据丢失。与关机恢复相关的主要文件有两个：abort 和 checkpoint。

abort 是一个空文件，标记当前 Broker 是否正常关机，Broker 进程正常启动的时候，创建该文件。Broker 进程正常停止后，该文件会被删除；如果异常退出，则文件依旧存在，创建和删除的过程如图 6-29 所示。

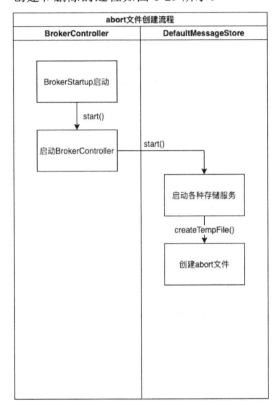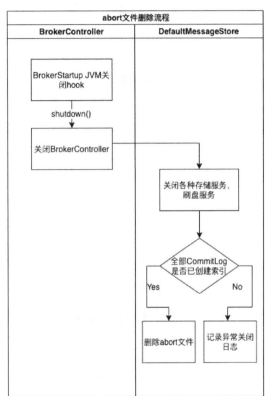

图 6-29

checkpoint 是检查点文件，保存 Broker 最后正常存储各种数据的时间，在重启 Broker 时，恢复程序知道从什么时刻恢复数据。检查点逻辑由 org.apache.rocketmq.store.StoreCheckpoint 类实现。

在 StoreCheckpoint 类中保存了 3 个时间，更新过程如图 6-30 所示。

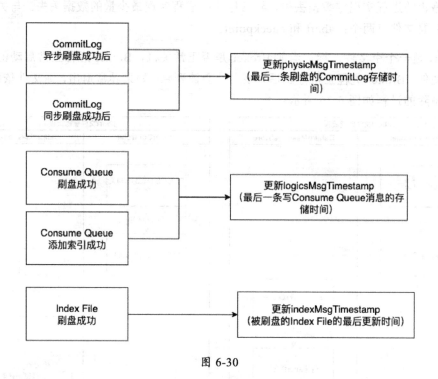

图 6-30

下面讲一下 StoreCheckpoint 中存储的 3 个时间参数。

physicMsgTimestamp：最后一条已存储 CommitLog 的消息的存储时间。

logicsMsgTimestamp：最后一条已存储 Consume Queue 的消息的存储时间。

indexMsgTimestamp：最后一条已存储 Index File 的消息的存储时间。

physicMsgTimestamp 和 logicsMsgTimestamp 的更新都是在数据存储成功后进行的，过程比较简单。而 indexMsgTimestamp 的逻辑是在 Index File 刷盘时被更新的，Index File 刷盘方法 org.apache.rocketmq.store.index.IndexService.flush()的相关代码如下：

```
public void flush(final IndexFile f) {
    if (null == f)
        return;
    long indexMsgTimestamp = 0;
    if (f.isWriteFull()) {
        indexMsgTimestamp = f.getEndTimestamp();
    }
```

```
        f.flush();

    if (indexMsgTimestamp > 0) {
    this.defaultMessageStore.getStoreCheckpoint().setIndexMsgTimestamp(index
MsgTimestamp);
        this.defaultMessageStore.getStoreCheckpoint().flush();
    }
}
```

从上述代码可以看到，在 Index File 刷盘后，已刷盘文件的最后存储消息时间被赋值给 indexMsgTimestamp，并对 Checkpoint 文件进行刷盘。

彩蛋：Index File 的刷盘设计和 CommitLog、Consume Queue 刷盘的方式不同，容易被忽略。

6.6.2　Broker 关机恢复流程

Broker 在启动时会初始化 abort、checkpoint 两个文件。正常关闭进程时会删除 abort 文件，将 checkpoint 文件刷盘；异常关闭时，通常来不及删除 abort 文件。由此，在重新启动 Broker 时会根据 abort 判断是否需要异常停止进程，而后恢复数据。

Broker 启动时，会启动存储服务 org.apache.rocketmq.store.DefaultMessageStore。存储服务在初始化时会执行 load 方法加载全部数据。其他启动流程参看 6.1.1 节，这里我们主要介绍数据的加载过程，如图 6-31 所示。

Broker 关机的恢复过程可以分为以下几步。

第一步：Broker 异常退出检查。如果 abort 文件存在，说明上次是异常退出的。

第二步：加载延迟消息的位点信息。ScheduleMessageService 服务通过继承和重写 ConfigManager，调用 load() 方法从磁盘加载延迟位点文件的内容，并根据配置项 messageDelayLevel 初始化延迟级别。

第三步：加载全部 CommitLog 文件（如图 6-31 所示的#1 部分）。通过读取 CommitLog 目录下的所有文件，依次加载每个 CommitLog 为 MappedFile，并且设置写指针、已刷盘指针、已提交指针，使所有指针都指向该文件的最末位。

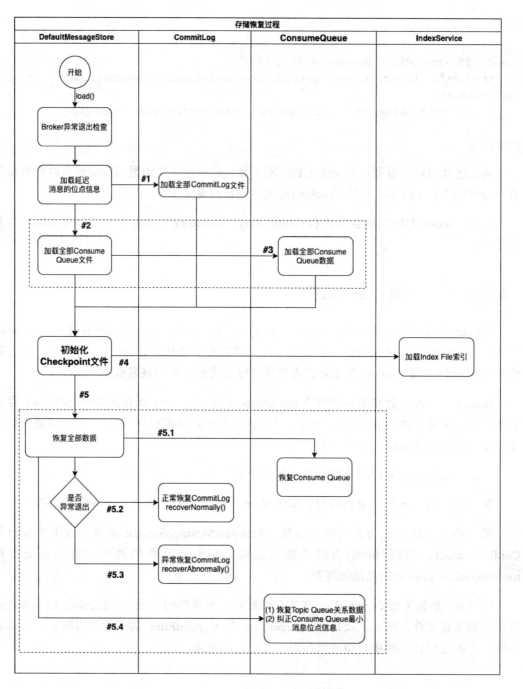

图 6-31

CommitLog 文件加载代码如下：

```
for (File file : files) {
    if (file.length() != this.mappedFileSize) {
        log.warn(file + "\t" + file.length()
            + " length not matched message store config value, ignore it");
        return true;
    }
    try {
        MappedFile mappedFile = new MappedFile(file.getPath(), mappedFileSize);
        mappedFile.setWrotePosition(this.mappedFileSize);
        mappedFile.setFlushedPosition(this.mappedFileSize);
        mappedFile.setCommittedPosition(this.mappedFileSize);
        this.mappedFiles.add(mappedFile);
        log.info("load " + file.getPath() + " OK");
    } catch (IOException e) {
        log.error("load file " + file + " error", e);
        return false;
    }
}
```

从上面代码中可以看到，如果文件大小和已配置的大小不一致，恢复时就直接被忽略。所以，在重启时不要修改 mapedFileSizeCommitLog（默认为 1GB）参数的值，否则数据无法恢复。

第四步：加载全部 Consume Queue 文件及数据（如图 6-31 所示的#2、#3）。调用 loadConsumeQueue 方法，读取 ./consumequeue/Topic/queueId/ 目录，加载全部 Topic、queueId 作为 ConsumeQueue 对象，再调用 load 方法初始化每一个 ConsumeQueue。

第五步：初始化 Checkpoint 文件为 StoreCheckpoint 对象，并且初始化三个数据：physicMsgTimestamp、logicsMsgTimestamp 和 indexMsgTimestamp。

第六步：加载 Index File 索引（如图 6-31 #4 所示）。加载 ./index 目录下的全部索引文件，如果上次进程异常退出并且索引文件操作的最后时间戳大于 Checkpoint 中保存的时间，则说明当前文件有部分数据可能存在错误，须立即销毁文件。

第七步：恢复全部数据（如图 6-31 所示的#5 部分），实现代码如下：

```
private void recover(final boolean lastExitOK) {
    //恢复 consume queue
    this.recoverConsumeQueue();
```

```
if (lastExitOK) {//正常恢复CommitLog
    this.commitLog.recoverNormally();
} else {//异常时恢复CommitLog
    this.commitLog.recoverAbnormally();
}

//恢复内存中的consumeQueueTable，纠正Consume Queue的最小位点
this.recoverTopicQueueTable();
}
```

lastExitOK=True，表示上次进程正常退出。全面恢复数据主要恢复Consume Queue、CommitLog、内存中的consumeQueueTable，并纠正Consume Queue中的最小位点值。

recoverConsumeQueue()方法通过循环所有 Topic 对应的 Consume Queue，依次调用org.apache.rocketmq.store.ConsumeQueue.recover()方法执行数据恢复。

recoverNormally()方法在 Broker 正常关闭后重启时执行 CommitLog 恢复（图 6-31 中的#5.2）。

对于 CommitLog 恢复数据，这里有一个小技巧，正常恢复是从倒数第三个文件开始直到最后一个文件。正常恢复是假定数据都是正常的，大部分场景都关心最新的消息，所以恢复最新的三个文件到内存中，消息量大小为 3GB。当然，如果恢复文件个数做成可配置的就更好了。

recoverAbnormally()方法在 Broker 异常关闭后重启时执行 CommitLog 恢复（图 6-31 中的#5.3）。

CommitLog 异常恢复是从最后一个文件开始反向恢复到第一个文件。读者可以思考下，进程异常停止后最容易出错的是哪个文件呢？答案是最新的某些文件。所以异常恢复时，RocketMQ 从最后一个文件开始，倒序找第一个正常的文件开始恢复。

怎么判断文件是否正常呢？源代码中是使用 org.apache.rocketmq.store.CommitLog.isMappedFileMatchedRecover() (MappedFile mappedFile)方法进行判断的，整个方法的重点在于，只要文件的最后消息的存储时间都小于在 Checkpoint 保存的对应时间，那么该文件并未损坏。

CommitLog 恢复完毕，会将该文件中的消息重新分发，创建 Consume Queue 和 Index File。分发全部消息还是部分消息是根据 duplicationEnable 的值（默认为 False）来判断的，

具体实现代码如下：

```
if (this.defaultMessageStore.getMessageStoreConfig().isDuplicationEnable()){
    if (dispatchRequest.getCommitLogOffset() < this.defaultMessageStore.getConfirmOffset()) {
        this.defaultMessageStore.doDispatch(dispatchRequest);
    }
} else {
    this.defaultMessageStore.doDispatch(dispatchRequest);
}
```

recoverTopicQueueTable()：纠正 Consume Queue 中最小消费位点和恢复 CommitLog 内存中的 TopicQueueTable（图 6-31 中的#5.4）。

如上述代码所示，该过程主要恢复了 CommitLog、Consume Queue、Index File 的数据到内存中，也设置了刷盘指针、提交指针等，代码比较复杂，有些冗长，大家在理解流程以后，对照源代码再进行深入研究，就可以很好地理解 RocketMQ 的设计。

第 7 章
RocketMQ 特性——事务消息与延迟消息机制

如何优雅地解决分布式事务和延迟消息,一直都是让开发人员头疼的问题。特别是延迟消息(也叫定时消息),在消息队列组件中或多或少地会依赖一些外部"定时任务"组件。而 RocketMQ 同时集成了这两个功能,以非常方便、实用的方式解决了这两个问题。

本章主要内容如下:

- 事务消息概述和实现机制。
- 延迟消息概述和实现机制。

第 7 章 RocketMQ 特性——事务消息与延迟消息机制

7.1 事务消息概述

2018 年 07 月 24 日，RocketMQ 社区发布 4.3.0 版本，开始正式支持事务消息。事务消息的实现方案目前主要分为两种：两阶段提交方案和三阶段提交方案。RocketMQ 采取了两阶段提交的方案进行实现，事务消息的代码讲解基于 4.3.0 版本。

我们在说到事务时，通常会想到关系数据库的事务，支持 ACID 四个特性。我们重温一下什么是 ACID。

A，Atomicity，原子性。操作是一个不可分割的整体，要么都执行成功，要么都执行失败。

C，Consistency，一致性。事务操作前后，数据必须是一致的。

I，Isolation，隔离性。多个事务同时执行时，不能互相干扰。

D，Durability，持久性。一旦事务被提交，数据改变就是永久的，即使数据库宕机等都不会改变。

分布式事务是指在多个系统或多个数据库中的多个操作要么全部成功，要么全部失败，并且需要满足 ACID 四个特性。下面我们通过一个案例进行讲解。

Roma 在 A 银行开户，账号是 AccountR，Bailey 在 B 银行开户，账号是 AccountB。由于突发情况，Bailey 向 Roma 借钱 1000 元，此时 Roma 打开手机银行 App，输入金额，单击"转账"按钮。请求到达 A 银行系统后主要操作两步（描述不分先后）：在 A 银行数据库中扣款 1000 元，发送"增加余额"的通知给 B 银行。

有两种典型的解决方案：

方案一：A 银行数据库扣款 1000 元，成功后发送"增加余额"的通知给 B 银行。

方案二：A 银行发送"增加余额"的通知给 B 银行，成功后更新本地数据库扣款。

两种方案都存在一个问题：如果第二次操作失败，那么如何回滚第一次操作？RocketMQ 如何优雅地处理这个问题呢？答案是——事务消息。

7.2 事务消息机制

我们将事务消息的发送和处理总结为四个过程：生产者发送事务消息和执行本地事务、Broker 存储事务消息、Broker 回查事务消息、Broker 提交或回滚事务消息。

接下来，我们对这四个过程进行详细讲解。

7.2.1 生产者发送事务消息和执行本地事务

事务消息的发送过程分为两个阶段：第一阶段，发送事务消息；第二阶段，发送 endTransaction 消息。

Broker 发送事务消息的过程如图 7-1 所示。

事务消息的发送过程代码可以参考 2.3 节，这里主要讲解发送过程的实现类 org.apache.rocketmq.client.producer.TransactionMQProducer。该类继承于 DefaultMQProducer，不仅能发送事务消息，还能发送其他消息。虽然 4.2.0 版本有事务消息代码，但实际是 4.3.0 版本才全面支持事务消息。

接下来，笔者将基于 RocketMQ 4.3.0 来讲解事务消息机制。TransactionMQProducer 的核心属性和方法如下。

transactionListener：事务监听器，主要功能是执行本地事务和执行事务回查。事务监听器包含 executeLocalTransaction() 和 checkLocalTransaction() 两个方法。executeLocalTransaction()方法执行本地事务，checkLocalTransaction()方法是当生产者由于各种问题导致未发送 Commit 或 Rollback 消息给 Broker 时，Broker 回调生产者查询本地事务状态的处理方法。

第 7 章　RocketMQ 特性——事务消息与延迟消息机制

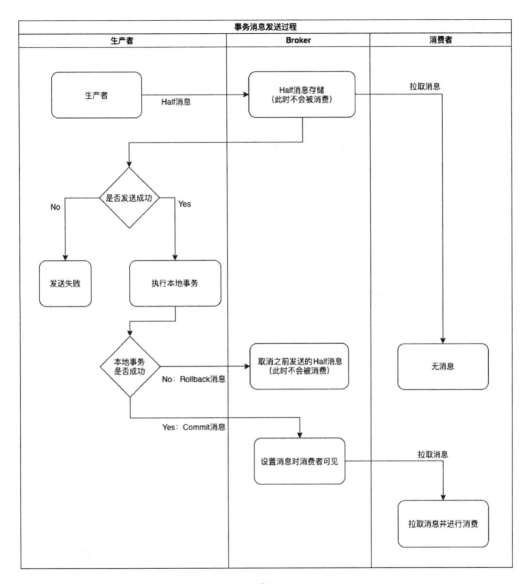

图 7-1

executorService：Broker 回查请求处理的线程池。

start()：事务消息生产者启动方法，与普通启动方法不同，增加了 this.defaultMQProducerImpl.initTransactionEnv() 的调用，即增加了初始化事务消息的环境信息，实现代码如下：

```
public void initTransactionEnv() {
```

```
    TransactionMQProducer    producer  =  (TransactionMQProducer)
this.defaultMQProducer;
    if (producer.getExecutorService() != null) {
        this.checkExecutor = producer.getExecutorService();
    } else {
        this.checkRequestQueue = new LinkedBlockingQueue<Runnable>(2000);
        this.checkExecutor = new ThreadPoolExecutor(
            1,
            1,
            1000 * 60,
            TimeUnit.MILLISECONDS,
            this.checkRequestQueue);
    }
}
```

从上面代码中可以看到，事务消息的环境初始化主要用于初始化 Broker 回查请求处理的线程池，在初始化事务消息生产者时我们可以指定初始化对象，如果不指定初始化对象，那么这里会初始化一个单线程的线程池。

shutdown()：关闭生产者，回收生产者资源。该方法是启动方法的逆过程，功能是关闭生产者、销毁事务环境。销毁事务环境是指销毁事务回查线程池，清除回查任务队列。

生产者发送事务消息主要分为如下两个阶段：

（1）发送 Half 消息的过程。

在 2.4.4 节的事例代码中，事务消息的发送是通过 sendMessageInTransaction()方法来完成的。发送 Half 消息的过程分为以下 4 个步骤：

第一步：数据校验。判断 transactionListener 的值是否为 null、消息 Topic 为空检查、消息体为空检查等。

第二步：消息预处理。预处理的主要功能是在消息扩展字段中设置消息类型。

MessageConst.PROPERTY_TRANSACTION_PREPARED 表示当前消息是事务 Half 消息。MessageConst.PROPERTY_PRODUCER_GROUP 用于设置发送消息的生产者组名，以

及设置事务消息的扩展字段，代码如下：

```
MessageAccessor.putProperty(msg, MessageConst.PROPERTY_TRANSACTION_PREPARED,
"true");
    MessageAccessor.putProperty(msg, MessageConst.PROPERTY_PRODUCER_GROUP, this.
defaultMQProducer.getProducerGroup());
```

第三步：发送事务消息。调用同步发送消息的方法将事务消息发送出去。详细的过程参考 2.3 节。

第四步：执行本地事务。消息发送成功后，执行本地事务。

（2）发送 Commit 或 Rollback 消息。

在本地事务处理完成后，根据本地事务的执行结果调用 DefaultMQProducerImpl.endTransaction()方法，通知 Broker 进行 Commit 或 Rollback，核心代码如下：

```
    final String brokerAddr = this.mQClientFactory.findBrokerAddressInPublish(
        sendResult.getMessageQueue().getBrokerName()
    );
EndTransactionRequestHeader requestHeader = new EndTransactionRequestHeader();
switch (localTransactionState) {
    case COMMIT_MESSAGE:
requestHeader.setCommitOrRollback(MessageSysFlag.TRANSACTION_COMMIT_TYPE);
        break;
    case ROLLBACK_MESSAGE:
requestHeader.setCommitOrRollback(MessageSysFlag.TRANSACTION_ROLLBACK_TYPE);
        break;
    case UNKNOW:
requestHeader.setCommitOrRollback(MessageSysFlag.TRANSACTION_NOT_TYPE);
        break;
    default:
        break;
}
this.mQClientFactory.getMQClientAPIImpl()
            .endTransactionOneway(brokerAddr, requestHeader...);
```

下面介绍以上代码中的核心变量：

sendResult：Half 消息发送结果。

brokerAddr：存储当前 Half 消息的 Broker 服务器的 socket 地址。

localTransactionState：本地事务执行结果。

transactionId：事务消息的事务 id。

endTransactionOneway()：以发送 oneway 消息的方式发送该 RPC 请求给 Broker。

当前 Half 消息发送完成后，会返回生产者消息发送到哪个 Broker、消息位点是多少，再根据本地事务的执行结果封装 EndTransactionRequestHeader 对象，最后调用 MQClientAPIImpl.endTransactionOneway()方法通知 Broker 进行 Commit 或 Rollback。

7.2.2 Broker 存储事务消息

在 Broker 中，事务消息的初始化是通过 BrokerController.initialTransaction()方法执行的，下面让我们看一下事务消息处理的初始化代码：

```
private void initialTransaction() {
    this.transactionalMessageService = ServiceProvider.loadClass(
        ServiceProvider.TRANSACTION_SERVICE_ID, TransactionalMessageService.class);
    if (null == this.transactionalMessageService) {
        this.transactionalMessageService = new TransactionalMessageServiceImpl(
            new TransactionalMessageBridge(this, this.getMessageStore()));
        log.warn("Load default transaction message hook service: {}",
            TransactionalMessageServiceImpl.class.getSimpleName());
    }
    this.transactionalMessageCheckListener = ServiceProvider.loadClass(
        ServiceProvider.TRANSACTION_LISTENER_ID,
        AbstractTransactionalMessageCheckListener.class);
    if (null == this.transactionalMessageCheckListener) {
        this.transactionalMessageCheckListener              = new
DefaultTransactionalMessageCheckListener();
        log.warn("Load default discard message hook service: {}",
            DefaultTransactionalMessageCheckListener.class.getSimpleName());
    }
    this.transactionalMessageCheckListener.setBrokerController(this);
    this.transactionalMessageCheckService            = new
TransactionalMessageCheckService(this);
}
```

下面讲一下 3 个核心的初始化变量。

（1）TransactionalMessageService

事务消息主要用于处理服务，默认实现类是 TransactionalMessageServiceImpl。如果想自定义事务消息处理实现类，需要实现 TransactionalMessageService 接口，然后通过 ServiceProvider.loadClass()方法进行加载。TransactionalMessageService 接入是如何定义事务的基本操作的呢？具体实现代码如下：

```
public interface TransactionalMessageService {
    PutMessageResult prepareMessage(MessageExtBrokerInner messageInner);
    boolean deletePrepareMessage(MessageExt messageExt);
    OperationResult        commitMessage(EndTransactionRequestHeader
requestHeader);
    OperationResult rollbackMessage(EndTransactionRequestHeader requestHeader);
    void    check(long    transactionTimeout,    int    transactionCheckMax,
AbstractTransactionalMessageCheckListener listener);
    boolean open();
    void close();
}
```

下面详细介绍上面代码中的方法。

prepareMessage()：用于保存 Half 事务消息，用户可以对其进行 Commit 或 Rollback。

deletePrepareMessage()：用于删除事务消息，一般用于 Broker 回查失败的 Half 消息。

commitMessage()：用于提交事务消息，使消费者可以正常地消费事务消息。

rollbackMessage()：用于回滚事务消息，回滚后消费者将不能够消费该消息。通常用于生产者主动进行 Rollback 时，以及 Broker 回查的生产者本地事务失败时。

open()：用于打开事务服务。

close()：用于关闭事务服务。

（2）transactionalMessageCheckListener

事务消息回查监听器，默认实现类是 DefaultTransactionalMessageCheckListener。如果想自定义回查监听处理，需要继承 AbstractTransactionalMessageCheckListener 接口，然后通过 ServiceProvider.loadClass()方法被加载。

（3）transactionalMessageCheckService

事务消息回查服务是一个线程服务，定时调用 transactionalMessageService.check() 方法，检查超时的 Half 消息是否需要回查。

上面三个事务处理类完成初始化后，Broker 就可以处理事务消息了。

Broker 存储事务消息和普通消息都是通过 org.apache.rocketmq.broker.processor.SendMessageProcessor 类进行处理的，只是在存储消息时有两处事务消息需要单独处理。

第一个单独处理：判断是否是事务消息，处理方法 SendMessageProcessor.sendMessage() 的主要代码如下：

```
Map<String, String> oriProps = MessageDecoder.string2messageProperties
(requestHeader.getProperties());
String traFlag = oriProps.get(MessageConst.PROPERTY_TRANSACTION_PREPARED);
if (traFlag != null && Boolean.parseBoolean(traFlag)) {
    if (this.brokerController.getBrokerConfig().isRejectTransactionMessage()) {
        response.setCode(ResponseCode.NO_PERMISSION);
        response.setRemark(…);
        return response;
    }
    putMessageResult = this.brokerController.getTransactionalMessageService().
prepareMessage(msgInner);
} else {
    putMessageResult = this.brokerController.getMessageStore().putMessage
(msgInner);
}
```

这里获取消息中的扩展字段 MessageConst.PROPERTY_TRANSACTION_PREPARED 的值，如果该值为 True 则当前消息是事务消息；再判断当前 Broker 的配置是否支持事务消息，如果不支持就返回生产者不支持事务消息的信息；如果支持，则调用 TransactionalMessageService.prepareMessage() 方法保存 Half 消息。

第二个单独处理：存储前事务消息预处理，处理方法是 org.apache.rocketmq.broker.transaction.queue.TransactionalMessageBridge.parseHalfMessageInner()，处理代码如下：

```
private MessageExtBrokerInner parseHalfMessageInner(MessageExtBrokerInner
msgInner) {
    MessageAccessor.putProperty(msgInner, MessageConst.PROPERTY_REAL_TOPIC,
msgInner.getTopic());
```

```
    MessageAccessor.putProperty(msgInner, MessageConst.PROPERTY_REAL_QUEUE_ID,
        String.valueOf(msgInner.getQueueId()));
    msgInner.setSysFlag(
        MessageSysFlag.resetTransactionValue(msgInner.getSysFlag(),
MessageSysFlag.TRANSACTION_NOT_TYPE));
    msgInner.setTopic(TransactionalMessageUtil.buildHalfTopic());
    msgInner.setQueueId(0);
    msgInner.setPropertiesString(MessageDecoder.messageProperties2String
(msgInner.getProperties()));
    return msgInner;
}
```

以上代码的功能是将原消息的 Topic、queueId、sysFlg 存储在消息的扩展字段中，并且修改 Topic 的值为 RMQ_SYS_TRANS_HALF_TOPIC，修改 queueId 的值为 0。然后，与其他消息一样，调用 DefaultMessageStore.putMessage()方法保存到 CommitLog 中。

CommitLog 存储成功后，通过 org.apache.rocketmq.store.CommitLog.DefaultAppendMessageCallback.doAppend()方法单独对事务消息进行处理，主要代码如下：

```
final int tranType = MessageSysFlag.getTransactionValue(msgInner.getSysFlag());
switch (tranType) {
    // Prepared and Rollback message is not consumed, will not enter the
    // consumer queuec
    case MessageSysFlag.TRANSACTION_PREPARED_TYPE:
    case MessageSysFlag.TRANSACTION_ROLLBACK_TYPE:
        queueOffset = 0L;
        break;
    case MessageSysFlag.TRANSACTION_NOT_TYPE:
    case MessageSysFlag.TRANSACTION_COMMIT_TYPE:
    default:
        break;
}
```

上述代码中，Prepared 消息其实就是 Half 消息，其实现逻辑是，设置当前 Half 消息的 queueOffset 值为 0，而不是其真实的位点值。这样，该位点就不会建立 Consume Queue 索引，自然也不能被消费者消费。

7.2.3 Broker 回查事务消息

如果用户由于某种原因，在第二阶段中没有将 endTransaction 消息发送给 Broker，那么 Broker 的 Half 消息要怎么处理呢？

RocketMQ 在设计时已经考虑到这个问题，通过"回查机制"处理第二阶段既未发送 Commit 也没有发送 Rollback 的消息。回查是 Broker 发起的，Broker 认为在接收 Half 消息后的一段时间内，如果生产者都没有发送 Commit 或 Rollback 消息给 Broker，那么 Broker 会主动"询问"生产者该事务消息对应的本地事务执行结果，以此来决定事务是否要 Commit。

我们在 7.1 节讲过，TransactionalMessageCheckService 是回查服务的实现类，其核心代码如下：

```
@Override
public void run() {
    log.info("Start transaction check service thread!");
    long checkInterval = brokerController.getBrokerConfig().getTransactionCheckInterval();
    while (!this.isStopped()) {
        this.waitForRunning(checkInterval);
    }
    log.info("End transaction check service thread!");
}
```

TransactionalMessageCheckService 是一个线程服务，它在后台一直执行 run() 方法，run() 方法一直调用 waitForRunning() 方法。关于 waitForRunning() 方法，看过第 6 章的读者会知道，这是 RocketMQ 的 Broker 中典型的"sleep"实现方式。该方式可以大致理解为"休息"一段时间再执行 onWaitEnd() 方法，而 TransactionalMessageCheckService 服务重写了 onWaitEnd() 方法，回查的具体逻辑就在该方法中，具体代码如下：

```
@Override
protected void onWaitEnd() {
    long timeout = brokerController.getBrokerConfig().getTransactionTimeOut();
    int checkMax = brokerController.getBrokerConfig().getTransactionCheckMax();
    long begin = System.currentTimeMillis();
    log.info("Begin to check prepare message, begin time:{}", begin);
    this.brokerController.getTransactionalMessageService().check(
        timeout,
        checkMax,
        this.brokerController.getTransactionalMessageCheckListener()
    );
    log.info("End to check prepare message, consumed time:{}", System.
```

```
currentTimeMillis() - begin);
    }
```

下面讲一下代码中的核心变量。

timeout：事务消息超时时间，如果消息在这个时间内没有进行 Commit 或 Rollback，则执行第一次回查。默认值为 3000ms。

checkMax：最大回查次数。如果回查超过这个次数，事务消息将被忽略。

回查的实现逻辑是每间隔一定时间执行 TransactionalMessageServiceImpl.check()方法，判断哪些消息超时，对超时的消息开始执行回查。

回查 check()方法是如何实现的呢？发送 Half 事务消息、执行 Commit/Rollback 命令、事务回查的过程如图 7-2 所示。

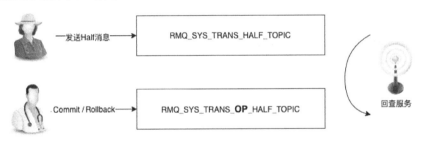

图 7-2

我们先讲图 7-2 中的两个 Topic：

RMQ_SYS_TRANS_HALF_TOPIC：保存事务消息的 Topic，它存储用户发送的 Half 消息，有的消息已经进行了 Commit，有的消息已经进行了 Rollback，有的消息状态是未知的。

RMQ_SYS_TRANS_OP_HALF_TOPIC：也叫 OP 主题，当事务消息被 Commit 或 Rollback 后，会将原始事务消息的 offset 保存在该 OP 主题中。

RMQ_SYS_TRANS_HALF_TOPIC 和 RMQ_SYS_TRANS_OP_HALF_TOPIC 两个 Topic 是如何配合回查的呢？

首先，取出 RMQ_SYS_TRANS_HALF_TOPIC 中达到回查条件但没有回查过的消息，到 RMQ_SYS_TRANS_OP_HALF_TOPIC 主题中确认是否已经回查，如果没有回查过则发起回查操作。

然后，我们具体分析回查方法 TransactionalMessageServiceImpl.check()的实现过程：获取 RMQ_SYS_TRANS_HALF_TOPIC 主题的全部队列，依次循环每一个队列中的全部未消费的消息，确认是否需要回查。

对于每一条消息又是如何确认是否需要回查的呢？请参考 TransactionalMessageServiceImpl.check()方法中 while(true)代码块，确认是否回查的步骤如下：

第一步：回查前校验。如果当前回查执行的时间超过了最大允许的执行回查时间，则跳出当前回查过程；如果当前回查的消息已经执行了 Commit/Rollback，则忽略当前消息，直接回查下一条消息，校验代码如下：

```
if (System.currentTimeMillis() - startTime > MAX_PROCESS_TIME_LIMIT) {
    log.info("Queue={} process time reach max={}",
messageQueue, MAX_PROCESS_TIME_LIMIT);
    break;
}
if (removeMap.containsKey(i)) {
    log.info("Half offset {} has been committed/rolled back", i);
    removeMap.remove(i);
}else{
    ...//回查过程代码
}
```

下面介绍校验代码中的核心变量。

MAX_PROCESS_TIME_LIMIT：回查时间限制，默认是 60s 且不能配置。

removeMap：该变量用于存储已经执行 Commit/Rollback 的 Half 消息位点。

i：当前回查的 Half 消息的位点值。

如果当前 Half 消息在回查时，既在允许的回查时间内，又没有被生产者进行 Commit/Rollback，那么就执行回查代码。

第二步：检查是否有消息需要回查。如果从 RMQ_SYS_TRANS_HALF_TOPIC 主题中获取 Half 消息为空的次数超过允许的最大次数或者没有消息，那么表示目前没有需要再回查的消息了，可以结束本次回查过程。当然如果传入的位点是非法的，则继续下一个回查的位点。回查检查的实现代码如下：

```
if (msgExt == null) {
    if (getMessageNullCount++ > MAX_RETRY_COUNT_WHEN_HALF_NULL) {
```

```
            break;
        }
        if (getResult.getPullResult().getPullStatus() == PullStatus.NO_NEW_MSG) {
            log.info("No new msg, the miss offset={} in={}, continue check={},
pull result={}", i,
                messageQueue, getMessageNullCount, getResult.getPullResult());
            break;
        } else {
            log.info("Illegal offset, the miss offset={} in={}, continuec
check={}, pull result={}",
                i, messageQueue, getMessageNullCount, getResult.getPullResult());
            i = getResult.getPullResult().getNextBeginOffset();
            newOffset = i;
            continue;
        }
    }
```

下面讲一下代码中的核心参数。

msgExt：Half 消息对象。

getMessageNullCount：当前空消息的次数。

MAX_RETRY_COUNT_WHEN_HALF_NULL：表示可以允许的最大 Half 消息为空的次数，超过则结束回查。默认为 1 次，并且不能配置。

messageQueue：RMQ_SYS_TRANS_HALF_TOPIC 主题中正在被检查的队列。

如果 RMQ_SYS_TRANS_HALF_TOPIC 中已经没有待回查的消息，则立即终止当前的回查过程。

第三步：回查次数检验，消息是否过期检验。如果 Half 消息回查次数已经超过了允许的最大回查次数，则不再回查，实现该校验的方法是 TransactionalMessageServiceImpl.needDiscard()；如果 Half 消息对应的 CommitLog 已经过期，那么也不回查，该校验实现的方法是 TransactionalMessageServiceImpl.needSkip()。这两个方法比较简单，这里不再讲解其代码。

第四步：新发送的 Half 消息不用回查，对于不是新发送的 Half 消息，如果在免疫回查时间（免疫期）内，也不用回查。免疫期是指生产者在发送 Half 消息后、执行 Commit/Rollback 前，Half 消息都不需要回查，这段时间就是这个 Half 消息的回查免疫期。免疫期的判断代码如下：

```
        long valueOfCurrentMinusBorn = System.currentTimeMillis() - msgExt.getBornTimestamp();
        long checkImmunityTime = transactionTimeout;
        String checkImmunityTimeStr = msgExt.getUserProperty(MessageConst.PROPERTY_CHECK_IMMUNITY_TIME_IN_SECONDS);
        if (null != checkImmunityTimeStr) {
            checkImmunityTime = getImmunityTime(checkImmunityTimeStr, transactionTimeout);
            if (valueOfCurrentMinusBorn < checkImmunityTime) {
                if (checkPrepareQueueOffset(removeMap, doneOpOffset, msgExt, checkImmunityTime)) {
                    newOffset = i + 1;
                    i++;
                    continue;
                }
            }
        } else {
            if ((0 <= valueOfCurrentMinusBorn) && (valueOfCurrentMinusBorn < checkImmunityTime)) {
                log.info(...);
                break;
            }
        }
```

以上代码中的核心变量如下：

valueOfCurrentMinusBorn：当前时间减去消息的发送时间。

checkImmunityTimeStr：用户设置的消息回查免疫时间，换言之，就是生产者本地事务的最长可执行时间。

transactionTimeout：Broker 认为的生产者本地事务的最长执行时间。

当 checkImmunityTimeStr 和 transactionTimeout 同时存在时，免疫期怎么计算呢？通过 getImmunityTime(checkImmunityTimeStr, transactionTimeout)方法计算后可以得出最终的免疫期，进而进行免疫期回查判断。

第五步：最终判断是否需要回查生产者本地事务执行结果。具体实现代码如下：

```
boolean isNeedCheck =
    (opMsg == null && valueOfCurrentMinusBorn > checkImmunityTime)
    || (opMsg != null && (opMsg.get(opMsg.size() - 1).getBornTimestamp() -
```

```
startTime > transactionTimeout))
    || (valueOfCurrentMinusBorn <= -1);
if (isNeedCheck) {
    if (!putBackHalfMsgQueue(msgExt, i)) {
        continue;
    }
    listener.resolveHalfMsg(msgExt);//执行回查
}
```

这段代码主要判断哪些情况是可以执行回查的，满足如下条件之一就可以执行回查：

- 如果没有 OP 消息，并且当前 Half 消息在免疫期外。
- 当前 Half 消息存在 OP 消息，并且最后一个本批次 OP 消息中的最后一个消息在免疫期外，也就是满足回查时间。
- Broker 与客户端有时间差。
- 重新将当前 Half 消息存储在 RMQ_SYS_TRANS_HALF_TOPIC 主题中。为什么需要重新存储呢？因为回查是一个异步过程，Broker 不确定回查的结果是成功还是失败，所以 RocketMQ 做最坏的打算，如果回查失败则下次继续回查；如果本次回查成功则写入 OP 消息，下次再读取 Half 消息时也不会回查。

第六步：执行回查。在当前批次的 Half 消息回查完毕后，更新 Half 主题和 OP 主题的消费位点，推进回查进度。Broker 将回查消息通过回查线程池异步地发送给生产者，执行事务结果回查。

至此，回查逻辑讲述完毕。

7.2.4　Broker 提交或回滚事务消息

当生产者本地事务处理完成并且 Broker 回查事务消息后，不管执行 Commit 还是 Rollback，都会根据用户本地事务的执行结果发送一个 End_Transaction 的 RPC 请求给 Broker，Broker 端处理该请求的类是 org.apache.rocketmq.broker.processor.EndTransactionProcessor，其核心处理步骤如下：

第一步：End_Transaction 请求校验。主要检查项如下。

- Broker 角色检查。Slave Broker 不处理事务消息。

- 事务消息类型检查。EndTransactionProcessor 只处理 Commit 或 Rollback 类型的事务消息，其余消息都不处理。

第二步：进行 Commit 或 Rollback。根据生产者请求头中的参数判断，是 Commit 请求还是 Rollback 请求，然后分别进行处理。接下来我们分别讲解 Commit 和 Rollback。Commit 过程代码如下：

```
    result = this.brokerController.getTransactionalMessageService().commitMessage(requestHeader);
    if (result.getResponseCode() == ResponseCode.SUCCESS) {
        RemotingCommand res = checkPrepareMessage(result.getPrepareMessage(), requestHeader);
        if (res.getCode() == ResponseCode.SUCCESS) {
            MessageExtBrokerInner msgInner = endMessageTransaction(result.getPrepareMessage());
msgInner.setSysFlag(MessageSysFlag.resetTransactionValue(msgInner.getSysFlag(), requestHeader.getCommitOrRollback()));
            msgInner.setQueueOffset(requestHeader.getTranStateTableOffset());
            msgInner.setPreparedTransactionOffset(requestHeader.getCommitLogOffset());
            msgInner.setStoreTimestamp(result.getPrepareMessage().getStoreTimestamp());
            RemotingCommand sendResult = sendFinalMessage(msgInner);
            if (sendResult.getCode() == ResponseCode.SUCCESS) {
                this.brokerController.getTransactionalMessageService().deletePrepareMessage(result.getPrepareMessage());
            }
            return sendResult;
        }
        return res;
    }
```

下面讲解代码中涉及的核心方法。

commitMessage()：提交 Half 消息。这是事务消息服务接口中的一个方法，笔者发现在 RocketMQ 4.3.0 中该方法被重写，其实是根据消息位点查询了 Half 消息，并将 Half 消息返回，与接口原本的意图有一定的不同。

checkPrepareMessage()：Half 消息数据校验。校验内容包括发送消息的生产者组与当前执行 Commit/Rollback 的生产者是否一致，当前 Half 消息是否与请求 Commit/Rollback 的消息是同一条消息。

endMessageTransaction()：消息对象类型转化，将 MessageExt 对象转化为 MessageExtBrokerInner 对象，并且还原消息之前的 Topic 和 Consume Queue 等信息。

sendFinalMessage()：将还原后的事务消息最终发送到 CommitLog 中。一旦发送成功，消费者就可以正常拉取消息并消费。

deletePrepareMessage()：在 sendFinalMessage()执行成功后，删除 Half 消息。其实 RocketMQ 是不能真正删除消息的，其实质是顺序写磁盘，相当于做了一个"假删除"。"假删除"通过 putOpMessage()方法将消息保存到 TransactionalMessageUtil.buildOpTopic()的 Topic 中，并且做上标记 TransactionalMessageUtil.REMOVETAG，表示消息已删除。

保存 OP 消息的实现代码如下：

```
public boolean putOpMessage(MessageExt messageExt, String opType) {
    MessageQueue messageQueue = new MessageQueue(messageExt.getTopic(),
        this.brokerController.getBrokerConfig().getBrokerName(),
messageExt. getQueueId());
    if (TransactionalMessageUtil.REMOVETAG.equals(opType)) {
        return addRemoveTagInTransactionOp(messageExt, messageQueue);
    }
    return true;
}
```

如果消息被标记为已删除，则调用 addRemoveTagInTransactionOp()方法，利用标记为已删除的 OP 消息构造 Message 消息对象，并且调用存储方法保存消息，具体实现代码如下：

```
private boolean addRemoveTagInTransactionOp(MessageExt messageExt,
MessageQueue messageQueue) {
    Message message = new Message(TransactionalMessageUtil.buildOpTopic(),
TransactionalMessageUtil.REMOVETAG,
    String.valueOf(messageExt.getQueueOffset()).getBytes(TransactionalMessag
eUtil.charset));
    writeOp(message, messageQueue);
    return true;
}
```

上述代码中的 TransactionalMessageUtil.buildOpTopic()方法是不是很熟悉？在第一次保存 Half 消息时也有类似的代码，具体参见 parseHalfMessageInner()方法的实现，这两个方法都使用了 TransactionalMessageUtil 类，具体实现代码如下：

```java
public class TransactionalMessageUtil {
    public static final String REMOVETAG = "d";
    public static Charset charset = Charset.forName("utf-8");
    public static String buildOpTopic() {
        return MixAll.RMQ_SYS_TRANS_OP_HALF_TOPIC;
    }
    public static String buildHalfTopic() {
        return MixAll.RMQ_SYS_TRANS_HALF_TOPIC;
    }
    public static String buildConsumerGroup() {
        return MixAll.CID_SYS_RMQ_TRANS;
    }
}
```

从上面代码中可以看到，Half 消息保存在名为 MixAll.RMQ_SYS_TRANS_HALF_TOPIC 的 Topic 中，执行 Commit 和 Rollback 后的消息都保存在 MixAll.RMQ_SYS_TRANS_OP_HALF_TOPIC 对象中，以便 Broker 判断是否需要回查生产者事务的执行状态。

下面讲一下程序调用的存储层方法，该方法真正地将 OP 消息保存到了 CommitLog 中，具体代码如下：

```java
public boolean putMessage(MessageExtBrokerInner messageInner) {
    PutMessageResult putMessageResult = store.putMessage(messageInner);
    if (putMessageResult != null
            && putMessageResult.getPutMessageStatus() == PutMessageStatus.PUT_OK) {
        return true;
    } else {
        LOGGER.error(...);//记录失败日志
        return false;
    }
}
```

至此，Commit 过程讲述完毕，接下来我们看一下 Rollback 的实现代码：

```java
    result = this.brokerController.getTransactionalMessageService().rollbackMessage(requestHeader);
    if (result.getResponseCode() == ResponseCode.SUCCESS) {
        RemotingCommand res = checkPrepareMessage(result.getPrepareMessage(), requestHeader);
        if (res.getCode() == ResponseCode.SUCCESS) {
            this.brokerController.getTransactionalMessageService().
```

```
deletePrepareMessage(result.getPrepareMessage());
    }
    return res;
}
```

上面代码中的核心调用方法如下：

rollbackMessage()：该方法与 commitMessage() 方法一样，都是查询 Half 消息并返回消息对象。

checkPrepareMessage()：消息校验，与 Commit 调用的是同一个方法。

deletePrepareMessage()：删除 Half 消息，与 Commit 调用的是同一个方法。

通过以上代码我们知道，Rollback 并没有真正删除消息，而是标记 Half 消息为删除，在 Broker 回查时就会跳过不检查。

7.3 延迟消息概述

除 7.1 节介绍的事务消息外，延迟消息也是 RocketMQ 的一个特色。

什么是延迟消息呢？延迟消息也叫定时消息，一般地，生产者在发送消息后，消费者希望在指定的一段时间后再消费。常规做法是，把信息存储在数据库中，使用定时任务扫描，符合条件的数据再发送给消费者。下面通过一个春节买票的场景来进行讲解。

每年的春节大家都会提前买票回家。在 12306 App 下单后一般提示 30 分钟内需要支付，否则订单自动取消。为什么会有这个场景呢？因为当乘客的行程发生变化时，系统不会一直为你保留订单座位，你需要"主动"让出来给别人"抢"。

下单成功后，可以发送一个定时消息给消费者，使其 30 分钟后检查订单是否支付，如果未支付，则直接取消订单。30 分钟就是一个检查免疫的时间，用户需要在这段时间内支付订单。

RocketMQ 延迟消息是通过 org.apache.rocketmq.store.schedule.ScheduleMessageService 类实现的，接下来我们讲一下该类的核心属性和方法。

org.apache.rocketmq.store.schedule.ScheduleMessageService 类有如下几个核心属性。

SCHEDULE_TOPIC：一个系统内置的 Topic，用来保存所有定时消息。RocketMQ 全部未执行的延迟消息保存在这个内部 Topic 中。

FIRST_DELAY_TIME：第一次执行定时任务的延迟时间，默认为 1000ms。

DELAY_FOR_A_WHILE：第二次及以后的定时任务检查间隔时间，默认为 100ms。

DELAY_FOR_A_PERIOD：如果延迟消息到时间投递时却失败了，会在 DELAY_FOR_A_PERIOD ms 后重新尝试投递，默认为 10 000ms。

delayLevelTable：保存延迟级别和延迟时间的映射关系。

offsetTable：保存延迟级别及相应的消费位点。

timer：用于执行定时任务，线程名叫 ScheduleMessageTimerThread。

org.apache.rocketmq.store.schedule.ScheduleMessageService 类有如下两个核心方法。

queueId2DelayLevel()：将 queue id 转化为延迟级别。

delayLevel2QueueId()：将延迟级别转化为 queue id。

在延迟消息 Topic 中，不同延迟级别的消息保存在不同的 Queue 中，相关代码如下：

```
public static int queueId2DelayLevel(final int queueId) {
    return queueId + 1;
}
public static int delayLevel2QueueId(final int delayLevel) {
    return delayLevel - 1;
}
```

从代码中可以看到，一个延迟级别保存在一个 Queue 中，延迟级别和 Queue 之间的转化关系为 queueId = delayLevel - 1。

接下来我们继续讲解 ScheduleMessageService 类中的核心方法。

updateOffset()：更新延迟消息的 Topic 的消费位点。

computeDeliverTimestamp()：根据延迟级别和消息的存储时间计算该延迟消息的投递时间。

start()：启动延迟消息服务。启动第一次延迟消息投递的检查定时任务和持久化消费位点的定时任务。

shutdown()：关闭 start()方法中启动的 timer 任务。

load()：加载延迟消息的消费位点信息和全部延迟级别信息，延迟级别可以通过 messageDelayLevel 字段进行设置，默认值为 1s、5s、10s、30s、1m、2m、3m、4m、5m、6m、7m、8m、9m、10m、20m、30m、1h、2h。

parseDelayLevel()：格式化所有延迟级别信息，并保存到内存中。

DeliverDelayedMessageTimerTask 内部类用于检查延迟消息是否可以投递，DeliverDelayedMessageTimerTask 是 TimerTask 的一个扩展实现。

7.4 延迟消息机制

在 RocketMQ 4.3.0 支持延迟消息前，开源版本 RocketMQ 延迟消息机制就是一个谜，本节将基于 RocketMQ 4.3.0 为大家揭秘延迟消息的存储和投递机制。

7.4.1 延迟消息存储机制

在延迟消息的发送流程中，消息体中会设置一个 delayTimeLevel，其他发送流程也是如此。Broker 在接收延迟消息时会有几个地方单独处理再存储，其余过程和普通消息存储一致（存储过程可以参考第 6 章）。

延迟消息在保存到 CommitLog 时有哪些单独处理的地方呢？下面将逐一讲解。

调用 CommitLog.putMessage()方法存储延迟消息的实现代码如下：

```
if (msg.getDelayTimeLevel() > 0) {
    if (msg.getDelayTimeLevel() > this.defaultMessageStore
                            .getScheduleMessageService()
                            .getMaxDelayLevel()) {
        msg.setDelayTimeLevel(this.defaultMessageStore
                            .getScheduleMessageService()
                            .getMaxDelayLevel());
    }

    topic = ScheduleMessageService.SCHEDULE_TOPIC;
```

```
        queueId = ScheduleMessageService.delayLevel2QueueId(msg.getDelayTimeLevel());
        //备份真实的 Topic 和 queueId
        MessageAccessor.putProperty(msg, MessageConst.PROPERTY_REAL_TOPIC, msg.
getTopic());
        MessageAccessor.putProperty(msg, MessageConst.PROPERTY_REAL_QUEUE_ID,
String.valueOf(msg.getQueueId()));
        msg.setPropertiesString(MessageDecoder.messageProperties2String(msg.
getProperties()));
        msg.setTopic(topic);
        msg.setQueueId(queueId);
    }
```

上述代码中，msg.getDelayTimeLevel()是发送消息时可以设置的延迟级别，如果该值大于0，则表示当前处理的消息是一个延迟消息，将对该消息做如下修改：

- 将原始 Topic、queueId 备份在消息的扩展字段中，全部的延迟消息都保存在 ScheduleMessageService.SCHEDULE_TOPIC 的 Topic 中。
- 备份原始 Topic、queueId 为延迟消息的 Topic、queueId。备份的目的是当消息到达投递时间时会恢复原始的 Topic 和 queueId，继而被消费者拉取并消费。

经过处理后，该消息会被正常保存到 CommitLog 中，然后创建 Consume Queue 和 Index File 两个索引。在创建 Consume Queue 时，从 CommitLog 中获取的消息内容会单独进行处理，单独处理的逻辑方法是 CommitLog.checkMessageAndReturnSize()，相关实现代码如下：

```
        String t = propertiesMap.get(MessageConst.PROPERTY_DELAY_TIME_LEVEL);
        if (ScheduleMessageService.SCHEDULE_TOPIC.equals(topic) && t != null) {
            int delayLevel = Integer.parseInt(t);

            if (delayLevel > this.defaultMessageStore.getScheduleMessageService().
getMaxDelayLevel()) {
                delayLevel = this.defaultMessageStore.getScheduleMessageService().
getMaxDelayLevel();
            }

            if (delayLevel > 0) {
                tagsCode = this.defaultMessageStore.getScheduleMessageService().
computeDeliverTimestamp(delayLevel,
                    storeTimestamp);
            }
        }
```

看上面这段代码,其中有一个很精巧的设计:在 CommitLog 中查询出消息后,调用 computeDeliverTimestamp()方法计算消息具体的投递时间,再将该时间保存在 Consume Queue 的 tagCode 中。这里回忆一下 6.3.1 节中讲的 Consume Queue 中保存的内容,如图 6-20 所示。

为什么这样设计呢?

这样设计的好处是,不需要检查 CommitLog 大文件,在定时任务检查消息是否需要投递时,只需检查 Consume Queue 中的 tagCode(不再是消息 Tag 的 Hash 值,而是消息可以投递的时间,单位是 ms),如果满足条件再通过查询 CommitLog 将消息投递出去即可。如果每次都查询 CommitLog,那么可想而知,效率会很低。

7.4.2 延迟消息投递机制

RocketMQ 在存储延迟消息时,将其保存在一个系统的 Topic 中,在创建 Consume Queue 时,tagCode 字段中保存着延迟消息需要被投递的时间,通过这个存储实现的思路,我们总结一下延迟消息的投递过程:通过定时服务定时扫描 Consume Queue,满足投递时间条件的消息再通过查询 CommitLog 将消息重新投递到原始的 Topic 中,消费者就可以接收消息了。

下面我们将具体讲解 RocketMQ 如何投递延迟消息给消费者。

在存储模块初始化时,初始化延迟消息处理类 org.apache.rocketmq.store.schedule. ScheduleMessageService,通过依次调用 start()方法来启动延迟消息定时扫描任务,start() 方法的核心代码如下:

```
this.timer = new Timer("ScheduleMessageTimerThread", true);
for (Map.Entry<Integer, Long> entry : this.delayLevelTable.entrySet()) {
    Integer level = entry.getKey();
    Long timeDelay = entry.getValue();
    Long offset = this.offsetTable.get(level);
    if (null == offset) {
        offset = 0L;
    }

    if (timeDelay != null) {
        this.timer.schedule(
            new DeliverDelayedMessageTimerTask(level, offset), FIRST_DELAY_TIME);
```

```
        }
    }

    this.timer.scheduleAtFixedRate(new TimerTask() {

        @Override
        public void run() {
            try {
                if (started.get()) ScheduleMessageService.this.persist();
            } catch (Throwable e) {
                log.error("scheduleAtFixedRate flush exception", e);
            }
        }
    }, 10000, this.defaultMessageStore
            .getMessageStoreConfig()
            .getFlushDelayOffsetInterval());
```

下面讲解以上代码中涉及的核心字段和方法。

timer：定时检查延迟消息是否可以投递的定时器。

delayLevelTable：该字段用于保存全部的延迟级别。

level：延迟级别。

timeDelay：延迟时间。

offset：延迟级别对应的 Consume Queue 的消费位点，扫描时从这个位点开始。

timeDelay：参数表示延迟时间。

从代码中的 for 循环可以知道，每个延迟级别都有一个定时任务进行扫描，每个延迟级别在第一次扫描时会延迟 1000ms，再开始执行扫描，以后每次扫描的时间间隔为 100ms。

随着延迟消息不断被重新投递，内置 Topic 的全部 Consume Queue 的消费位点 offset 不断向前推进，也会定时执行 ScheduleMessageService.this.persist()方法来持久化消费位点，以便进程重启后从上次开始扫描检查。

细心的读者肯定会发现，this.timer.schedule()定时任务只执行一次，那么之后发送的消息是如何进行投递的呢？答案在 DeliverDelayedMessageTimerTask.executeOnTimeup()方法中。DeliverDelayedMessageTimerTask 类是 ScheduleMessageService 类的一个内部类，同时也是 this.timer.schedule()方法的输入参数，其核心属性和方法如下：

delayLevel：延迟级别。

offset：待检查消息的 Consume Queue 的位点值。

correctDeliverTimestamp()：纠正投递时间。

executeOnTimeup()：定时扫描核心方法。

DeliverDelayedMessageTimerTask()方法默认执行 run()方法，run()方法直接调用 executeOnTimeup()方法扫描当前位点的消息是否满足投递条件。下面我们讲一下该核心方法的执行步骤。

第一步：查找 Consume Queue。在上节中我们看到两个核心方法：queueId2DelayLevel()和 delayLevel2QueueId()，RocketMQ 设计的延迟级别和延迟 Topic 的 queueId 有关系，可以互相转化。

第二步：找到投递时间。上一节讲解了真正的投递时间 deliverTimestamp 被存储在 Consume Queue 的 tagCode 中，所以我们可以通过 offset 查找 Consume Queue 中保存的 deliverTimestamp，再通过调用 correctDeliverTimestamp(final long now,final long deliverTimestamp)计算当前消息的真正投递时间 deliverTimestamp，具体实现代码如下：

```
    private long correctDeliverTimestamp(final long now, final long deliverTimestamp) {
        long result = deliverTimestamp;
        long maxTimestamp = now + ScheduleMessageService.this.delayLevelTable.get(this.delayLevel);
        if (deliverTimestamp > maxTimestamp) {//超时
            result = now;
        }
        return result;
    }
```

第三步：如果满足投递时间条件，则重新发送消息到原始 Topic 中。在重新投递前调用 messageTimeup()方法，将消息的原始 Topic、queueId、tagCode 等还原，清除扩展字段中延迟消息的标志（MessageConst.PROPERTY_DELAY_TIME_LEVEL），然后被重新投递、更新消费位点。

重新投递后，消息会正常创建 Consume Queue 索引、Index File 索引，然后被消费者拉取消费，达到定时消费的目的。

第四步：如果第三步投递失败，或者消息没有达到投递时间条件，则重新提交一个定时任务到 timer 中，以供下次检查。

至此，延迟消息投递过程讲解完毕。

第 8 章
RocketMQ 源代码阅读

为什么读者需要阅读 RocketMQ 源代码？笔者就自己的经验和理解做一下解答。

第一，解决公司实际场景中遇到的问题，比如异步、削峰。

第二，知其然，知其所以然。了解源代码后，在实际使用 RocketMQ 中能快速定位并解决问题，同时还可以避免以后遇到雷同的问题。

第三，取之于人，用之于人。将自己的思维转化为贡献代码，帮助 RocketMQ 社区和其他使用者解决他们的实际问题。

本章将从以下三方面讲解如何阅读源代码：

- RocketMQ 源代码结构说明。
- RocketMQ 源代码下载、编译。
- 举例说明如何阅读 RocketMQ 源代码。

第 8 章 RocketMQ 源代码阅读

8.1 RocketMQ 源代码结构概述

Apache RocketMQ 项目是一个基于 maven 构建的多模块 Java 项目，将源代码导入 IntelliJ IDEA，如图 8-1 所示。

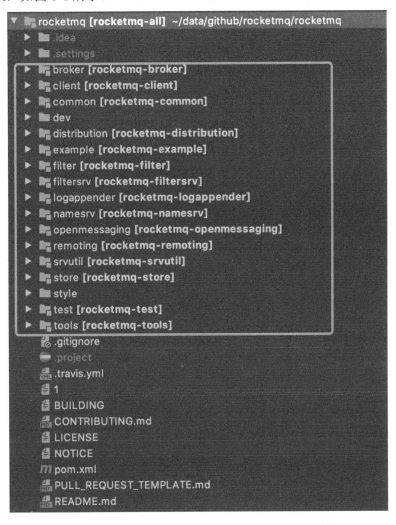

图 8-1

下面对图 8-1 中的每一个模块做一个简单说明，如表 8-1 所示。

表 8-1

模块名字	功能介绍
broker	主要用于处理客户端各种请求和存储数据
client	客户端
common	通用模块，主要保存一些常量
dev	合并 PR 的脚本
distribution	打包模块。包含打包 Client、Broker、Namesrv
example	示例代码，包含生产、消费等
filter	过滤器实现，比如 SQL 过滤、Bloom 过滤器
filtersrv	过滤器 Server 实现模块
logappender	日志 appender 模块
namesrv	Namesrv 实现模块
openmessaging	openmessaging 模块
remoting	网络通信模块
srvutil	Namesrv、Broker 工具模块
store	Broker 存储模块
style	代码风格扫描
test	测试模块
tools	RocketMQ 工具模块，包含命令行接口、管理接口、监控接口

下面讲一下使用 git clone 命令进行编译的步骤。

第一步：安装 Git、Maven、Java8+。

第二步：下载代码（这里以 Mac 为例）。

进入一个代码目录：cd /data/github/tmp（如果没有就创建一个：mkdir /data/github/tmp）。

初始化 git 仓库：git init。

下载代码：git clone。

第三步：在命令行界面看到如下输出，说明正在下载代码：

正克隆到 'rocketmq'...
remote: Enumerating objects: 30225, done.
remote: Total 30225 (delta 0), reused 0 (delta 0), pack-reused 30225
接收对象中：100% (30225/30225), 7.69 MiB | 245.00 KiB/s, 完成.
处理 delta 中：100% (12837/12837), 完成.

下载完成后处理 master 分支，到本书出版前，RocketMQ 的最新版本是 4.6.0 版本，结构如表 8-2 所示。

表 8-2

模块名字	功能介绍	是否新增
acl	权限管理模块	是
broker	主要用于处理客户端各种请求和存储数据	否
client	客户端	否
common	通用模块，主要保存一些常量	否
dev	合并 PR 的脚本	否
distribution	打包模块。包含打包 Client、Broker、Namesrv	否
docs	中英文文档	是
example	示例代码，包含生产、消费等	否
filter	过滤器实现，比如 SQL 过滤、Bloom 过滤器	否
logappender	过滤器 Server 实现模块	否
logging	日志 appender 模块	否
namesrv	Namesrv 实现模块	否
openmessaging	openmessaging 模块	否
remoting	网络通信模块	否
srvutil	Namesrv、Broker 工具模块	否
store	Broker 存储模块	否
style	代码风格扫描	否
test	测试模块	否
tools	RocketMQ 工具模块，包括命令行接口、管理接口、监控接口	否

RocketMQ 社区应广大开发者的要求，添加了文档模块（包含中英文文档）和 ACL 权限管理模块。从目录变化可以看出，RocketMQ 随着大家提的 issue 在不断更新和改变。

8.2 RocketMQ 源代码编译

下面介绍如何在 Mac 中使用 IntelliJ IDEA 导入源代码并编译，具体步骤如下。

第一步：进入 RocketMQ 代码根目录，可以看到上一节表 8-2 中的代码目录。执行命令：**mvn -Dmaven.test.skip=true clean package**，并编译。如果出现如图 8-2 所示的画面就说明编译成功。可以在各个模块的 target 目录中找到编译结果。

```
[INFO] Reactor Summary for Apache RocketMQ 4.6.0 4.6.0:
[INFO]
[INFO] Apache RocketMQ 4.6.0 .............................. SUCCESS [  8.350 s]
[INFO] rocketmq-logging 4.6.0 ............................. SUCCESS [  2.201 s]
[INFO] rocketmq-remoting 4.6.0 ............................ SUCCESS [  1.043 s]
[INFO] rocketmq-common 4.6.0 .............................. SUCCESS [  1.669 s]
[INFO] rocketmq-client 4.6.0 .............................. SUCCESS [  1.689 s]
[INFO] rocketmq-store 4.6.0 ............................... SUCCESS [  1.233 s]
[INFO] rocketmq-srvutil 4.6.0 ............................. SUCCESS [  0.346 s]
[INFO] rocketmq-filter 4.6.0 .............................. SUCCESS [  0.654 s]
[INFO] rocketmq-acl 4.6.0 ................................. SUCCESS [  0.994 s]
[INFO] rocketmq-broker 4.6.0 .............................. SUCCESS [  1.951 s]
[INFO] rocketmq-tools 4.6.0 ............................... SUCCESS [  1.029 s]
[INFO] rocketmq-namesrv 4.6.0 ............................. SUCCESS [  0.398 s]
[INFO] rocketmq-logappender 4.6.0 ......................... SUCCESS [  0.578 s]
[INFO] rocketmq-openmessaging 4.6.0 ....................... SUCCESS [  0.374 s]
[INFO] rocketmq-example 4.6.0 ............................. SUCCESS [  0.648 s]
[INFO] rocketmq-test 4.6.0 ................................ SUCCESS [  0.670 s]
[INFO] rocketmq-distribution 4.6.0 ........................ SUCCESS [  0.069 s]
[INFO] ------------------------------------------------------------------------
[INFO] BUILD SUCCESS
[INFO] ------------------------------------------------------------------------
[INFO] Total time:  24.323 s
[INFO] Finished at: 2019-12-05T09:04:48+08:00
[INFO] ------------------------------------------------------------------------
```

图 8-2

第二步：打开 IDEA，选择 Open 项目，如图 8-3、图 8-4 所示。为了加速 Maven 下载，可以事先为 Maven 设置一个国内镜像仓库地址。

第 8 章　RocketMQ 源代码阅读

图 8-3

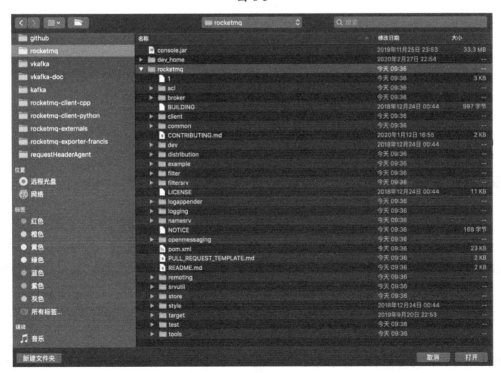

图 8-4

第三步：查看打开结果。这一步耗时较长，下载 Maven 依赖需要一些时间，打开完成后如图 8-5 所示。

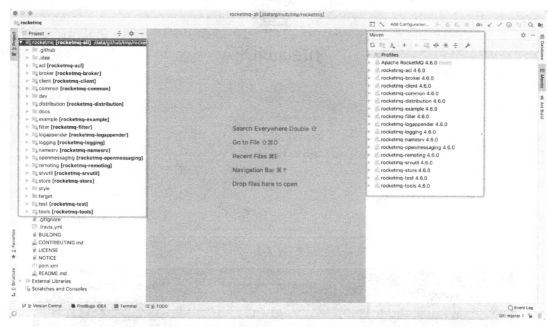

图 8-5

8.3 如何阅读源代码

如何阅读源代码是因人而异的，笔者就个人的一些感悟分享阅读源代码的各个阶段。

第一阶段：实际需要？没听过 RocketMQ，或者听过但是没用过。这个时候完全不适合直接读源代码。可能你是刚入行的小白、久经考验的大神，在完全不了解 RocketMQ 的情况下直接读源代码意义不大。这个阶段强烈建议先写一写生产者、消费者的代码，在有了解决实际问题的经验后，如果发现自己还想多了解一点，此时你可以尝试进入第二阶段。

第二阶段：疯狂！使用 RocketMQ 进行生产、消费有一段时间了，发现一些东西总是解释不清楚，懵懵懂懂的，这时需要有针对性地读取某个功能点的源代码。当然，初次阅读其实也是蛮困难的，RocketMQ 是一个体系，即使单独一个功能也会涉及广泛的知识，大部分人就是卡在阅读源代码这里，然后就放弃了。如果还是想继续，那么就硬着头皮往下看。

第三阶段：柳暗花明！如果第二阶段通过了，恭喜你！本阶段可以使用调试阅读法。比如你想阅读消费者如何在 Broker 拉取消息的源代码，可以在本地 IDEA 启动 Broker 进程后，找到 PullMessageProcessorTest，如图 8-6 所示，执行单元测试，一步步跟进去看看 Broker 究竟是怎么实现的。

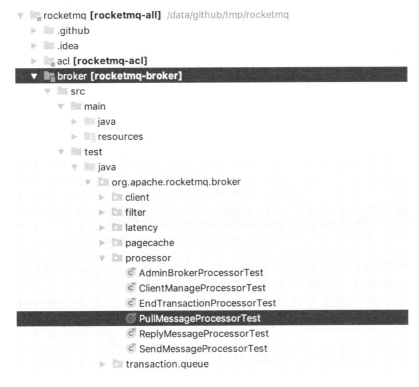

图 8-6

如果你可以快速找到一些功能点的实现，并且能解释自己在生产、消费上遇到的问题，那么你就算入门了。

第四阶段：同行业交流！可以在 GitHub 或 Stack OverFlow 上回答一些 RocketMQ 相关的 issue 和问题，帮助自己理解 RocketMQ，也可以从别人的角度重新审视 RocketMQ。

第五阶段：体系化阅读。针对一个功能点，深入查看初始化、运行流程设计、运行流程和上下文的关系。

第六阶段：反思！如果在阅读完成几遍后，你不由自主地思考当初作者这么实现的原因，你会发现面试题来了：线程安全队列、阻塞队列、事件回调、NIO、二分折半查找、各种设计模式等。作者都用上了，不是为了用而用，而是真正可以提高代码效率。原来"数据结构与算法"诚不我欺也。

第七阶段：重新循环第四阶段，直到自己认为可以进行第八阶段。

第八阶段：加入 Apache RocketMQ 社区，把你了解的知识分享出去，也可以从社区大神那里取经。

第九阶段：重复第四阶段。

上面写了一堆，总结就两个字：坚持！

既然你可以坚持，那么接下来我们用一个源代码阅读范例来引导大家如何阅读源代码。

8.4 源代码阅读范例：通过消息 id 查询消息

在 RocketMQ Console 中，我们发现可以通过消息 id 查询消息体内容，接下来我们看看具体是怎么查询的，查询流程如图 8-7 所示。

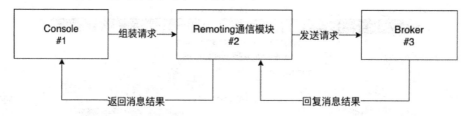

图 8-7

通过 RocketMQ Console 查询消息页面抓包，如图 8-8 所示，找到调用 Console 后台的 API 名字，进而找到该 API。

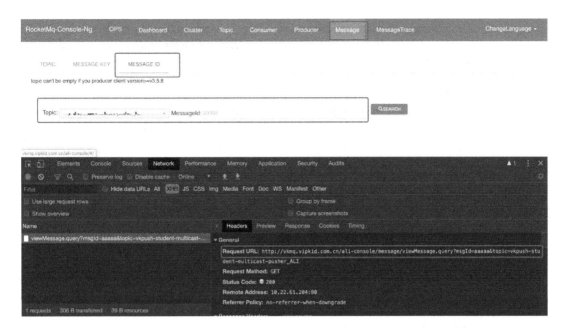

图 8-8

Console 项目中 Controller 层的 API 的代码如下：

```
@RequestMapping(value = "/viewMessage.query", method = RequestMethod.GET)
@ResponseBody
public Object viewMessage(@RequestParam(required = false) String topic,
@RequestParam String msgId) {
    Map<String, Object> messageViewMap = Maps.newHashMap();
    Pair<MessageView, List<MessageTrack>> messageViewListPair = messageService.
viewMessage(topic, msgId);//消息查询接口调用
    messageViewMap.put("messageView", messageViewListPair.getObject1());
    messageViewMap.put("messageTrackList",
messageViewListPair.getObject2());
    return messageViewMap;
}
```

调用 RocketMQ 客户端接口查询消息的代码如下：

```
public Pair<MessageView, List<MessageTrack>> viewMessage(String subject,
final String msgId) {
    try {
        MessageExt messageExt = mqAdminExt.viewMessage(subject, msgId);//
消息查询接口调用
```

```
            List<MessageTrack> messageTrackList = messageTrackDetail(messageExt);
            return    new       Pair<>(MessageView.fromMessageExt(messageExt),
messageTrackList);
        }
        catch (Exception e) {
            throw new ServiceException(-1, String.format("Failed to query message by Id: %s", msgId));
        }
    }
```

mqAdminExt 是一个接口,在 3 个实现类中经过排查确定是 DefaultMQAdminExtImpl. java。这个实现有两个分支,通过日志可以知道: try 代码块中是高版本客户端的逻辑,catch 代码块中是兼容低版本的客户端逻辑,随便看一个都不影响代码继续阅读,下面我们将以 try 代码块为例进行讲解。

```
    public MessageExt viewMessage(String topic, String msgId) throws
RemotingException, MQBrokerException, InterruptedException, MQClientException {
        try {
            MessageDecoder.decodeMessageId(msgId);
            return this.viewMessage(msgId);
        } catch (Exception var4) {
            this.log.warn("the msgId maybe created by new client. msgId={}", msgId, var4);
            return this.mqClientInstance.getMQAdminImpl().queryMessageByUniqKey(topic, msgId);
        }
    }
```

下面来看一下 decodeMessageId 的实现代码:

```
    public static MessageId decodeMessageId(final String msgId) throws
UnknownHostException {
        SocketAddress address;
        long offset;
        //保存消息的 Broker IP
        byte[] ip = UtilAll.string2bytes(msgId.substring(0, 8));
        byte[] port = UtilAll.string2bytes(msgId.substring(8, 16));
        ByteBuffer bb = ByteBuffer.wrap(port);
        int portInt = bb.getInt(0);
        address = new InetSocketAddress(InetAddress.getByAddress(ip), portInt);

        //消息的物理位点
```

```
        byte[] data = UtilAll.string2bytes(msgId.substring(16,32));
        bb = ByteBuffer.wrap(data);
        offset = bb.getLong(0);

        return new MessageId(address, offset);
    }
```

这里的消息 id 是有格式的,其中包含了存储该消息的 Broker 地址、消息物理 offset 等信息。如果消息 id 不是期望的格式,则执行 catch 代码块。

彩蛋:新客户端中的消息 id 格式是什么?为什么会设计两个消息 id?其实这是消息 id 和唯一 id 的兼容设计,也是为了兼容不同版本的消息 id 格式的设计。

this.viewMessage() 方法通过 Remoting Client 通信客户端发送请求类型为 RequestCode.VIEW_MESSAGE_BY_ID 的请求,代码如下:

```
public MessageExt viewMessage(final String addr, final long phyoffset,
                        final long timeoutMillis)
    throws RemotingException, MQBrokerException, InterruptedException {
    ViewMessageRequestHeader requestHeader = new ViewMessageRequestHeader();
    requestHeader.setOffset(phyoffset);
    RemotingCommand request = RemotingCommand.createRequestCommand(
        RequestCode.VIEW_MESSAGE_BY_ID, //请求消息查询接口
        requestHeader);
    RemotingCommand response = this.remotingClient.invokeSync(
        MixAll.brokerVIPChannel(this.clientConfig.isVipChannelEnabled(),
addr),
        request, timeoutMillis);
    assert response != null;
    switch (response.getCode()) {
        case ResponseCode.SUCCESS: {//查询成功,反序列化结果
            ByteBuffer byteBuffer = ByteBuffer.wrap(response.getBody());
            MessageExt messageExt = MessageDecoder.clientDecode(byteBuffer,
true);
            return messageExt;
        }...
    }...
}
```

接下来,讲一下上面代码中的核心变量:

remotingClient:Remoting 模块的设计,通信层的封装。

RequestCode：接口标志，不同的 RequestCode 代表不同功能的 Broker 接口。

RequestCode.VIEW_MESSAGE_BY_ID 表示通过 id 查询消息的请求，那么 Broker 还支持哪些接口呢？RequestCode 的相关代码如下：

```java
public class RequestCode {
public static final int SEND_MESSAGE = 10;
public static final int PULL_MESSAGE = 11;
public static final int QUERY_MESSAGE = 12;
...
public static final int SEARCH_OFFSET_BY_TIMESTAMP = 29;
public static final int GET_MAX_OFFSET = 30;
public static final int GET_MIN_OFFSET = 31;
public static final int GET_EARLIEST_MSG_STORETIME = 32;
//通过消息id查询消息
public static final int VIEW_MESSAGE_BY_ID = 33;

public static final int HEART_BEAT = 34;
...
}
```

viewMessage()方法将查询请求封装成 RemotingCommand 对象，再通过 remotingClient 发送网络请求。

再往下的代码我们暂时不讨论了，都是对 Netty 通信层的封装，其代码逻辑和 RocketMQ 关系不大。

至此，Console 端的发送请求流程就介绍完了。

这个类中有很多值，也就是说除了查询消息的 API，还有很多其他 API。笔者认为，Broker 对 Request Code 的处理逻辑，可以通过 if-else 方式进行处理，也可以通过 switch-case 方式进行处理。

我们看一下 VIEW_MESSAGE_BY_ID 被谁引用了，如图 8-9 所示。

图 8-9

由图 8-9 可知，org.apache.rocketmq.broker.processor.QueryMessageProcessor 类通过 case

方式引用了 VIEW_MESSAGE_BY_ID。观察 QueryMessageProcessor 类的名字，很像我们想找的查询消息请求处理器，通过调试可以确认该类中的代码逻辑就是处理消息查询的逻辑，QueryMessageProcessor 类的实现代码如下：

```
@Override
public RemotingCommand processRequest(ChannelHandlerContext ctx, RemotingCommand request)
    throws RemotingCommandException {
    switch (request.getCode()) {
        case RequestCode.QUERY_MESSAGE:
            return this.queryMessage(ctx, request);
        case RequestCode.VIEW_MESSAGE_BY_ID://消息查询处理
            return this.viewMessageById(ctx, request);
        default:
            break;
    }
    return null;
}
```

我们跟踪 viewMessageById() 方法查看代码逻辑，该方法调用存储模块，先查找 offset 对应消息的消息体大小，再根据 offset 和消息体大小到 CommitLog 中查询消息，相关代码如下：

```
@Override
public SelectMappedBufferResult selectOneMessageByOffset(long commitLogOffset) {
    SelectMappedBufferResult sbr = this.commitLog.getMessage (commitLogOffset, 4);
    if (null != sbr) {
        try {
            // 1 TOTALSIZE
            int size = sbr.getByteBuffer().getInt();
            return this.commitLog.getMessage(commitLogOffset, size);
        } finally {
            sbr.release();
        }
    }
    return null;
}
```

第一个 getMessage() 方法根据 offset 和要查询的 4 字节数据，找到整个消息的全部字节数，再次调用 getMessage() 方法，根据 offset 和消息体大小查找整个消息数据。

在查询时有一个核心方法 selectMappedBuffer()，它能根据 pos 和字节数 size 找到存储数据的 ByteBuffer。这里体现了顺序查找的好处，只要有位点和查找字节数就可以快速计算并查找需要的数据。类似数组，只要知道下标和每个数组 item 的大小就可以快速查询任意一个下标对应的数据，相关代码如下：

```java
public SelectMappedBufferResult selectMappedBuffer(int pos, int size) {
    int readPosition = getReadPosition();
    if ((pos + size) <= readPosition) {

        if (this.hold()) {
            ByteBuffer byteBuffer = this.mappedByteBuffer.slice();
            byteBuffer.position(pos);//消息物理位点
            ByteBuffer byteBufferNew = byteBuffer.slice();
            byteBufferNew.limit(size);//查找字节数限制
            return new SelectMappedBufferResult(this.fileFromOffset + pos, byteBufferNew, size, this);
        } else {
            log.warn("matched, but hold failed, request pos: " + pos + ", fileFromOffset: "
                + this.fileFromOffset);
        }
    } else {
        log.warn("selectMappedBuffer request pos invalid, request pos: " + pos + ", size: " + size
            + ", fileFromOffset: " + this.fileFromOffset);
    }
    return null;
}
```

最后将消息查询结果返回到 viewMessageById()方法中，组装针对请求的响应，通过 remoting 模块将信息发送回查询的客户端，相关代码如下：

```java
response.setOpaque(request.getOpaque());
//有了这个客户端才知道响应哪个请求
...
FileRegion fileRegion =
    new OneMessageTransfer(response.encodeHeader(selectMappedBufferResult.getSize()),
        selectMappedBufferResult);
ctx.channel().writeAndFlush(fileRegion).addListener(new ChannelFutureListener() {
    @Override
```

```
        public void operationComplete(ChannelFuture future) throws Exception {
            selectMappedBufferResult.release();
            if (!future.isSuccess()) {
                log.error("Transfer one message from page cache failed, ",
future.cause());
            }
        }
    });
```

至此，RocketMQ 查询消息的源代码就讲完了，希望对大家阅读其他模块的源代码有帮助。

第 9 章
RocketMQ 企业最佳实践

前面几章介绍了 RocketMQ 各个组件的功能和基本原理,本章主要介绍 RocketMQ 如何在企业落地,主要内容如下:

- RocketMQ 集群管理。
- RocketMQ 集群监控和报警。
- RocketMQ 集群测试环境实践。
- Spring 和 Python 如何接入 RocketMQ?

9.1 RocketMQ 落地概述

9.1.1 为什么选择 RocketMQ

一款技术产品要在企业落地是非常困难的，笔者总结了几个要点，供读者在选择一款技术产品时参考：稳定可靠、运维与管理方便、低成本、性能考量。

接下来，我们对消息队列中间件的选型做详细分析。

业务需求永远是第一需求。对业务而言，组件能够稳定、可靠、可持续地保障业务正常流转肯定是首要的需求。在经历过阿里巴巴、VIPKID、蚂蚁金服、微众银行等对于稳定性有极致需求的大厂洗礼后，稳定、可靠成为了 RocketMQ 的代言词。

作为技术人员，一款产品的管理、运维和开发的难易程度也是选型的重要参考指标。现代互联网公司不同于传统企业，快速迭代、快速把握市场才是王道。简单、方便的产品能快速支持业务起步，对开发者友好的或者自研的产品总是容易掌控，也能快速适应业务的发展和变化。

RocketMQ 使用 Java 语言开发，做二次开发或集成到现有系统难度较低。RocketMQ 社区也相当活跃，文档包含中英文，对国内开发者非常友好。同时，社区提供的管理平台功能完善，更新也比较活跃，RocketMQ 的衍生产品也非常丰富，比如 rocketmq-connect-es、rocketmq-flink、rocketmq-hbase 等。

成本，对于商业公司是必须要考虑的。这里的成本包含硬成本和软成本，如图 9-1 所示。

下面，我们介绍一下硬成本。服务器成本：技术产品都需要部署在硬件服务器上才能提供服务，硬件包含内存、CPU、磁盘等耗材，配置越高花费越大。

软件授权成本：对开源产品而言，虽然企业付出的金钱成本为 0，更多的却是责任。RocketMQ 在阿里巴巴内部从一个普通技术项目到一个可靠的、可用的技术项目经历了 11 年（从 2001 年到 2012 年），从一个技术项目再到技术产品经历了 4 年（从 2012 年到 2016 年），从阿里巴巴走向 Apache 的开源之路又经历了 4 年（从 2016 年到现在 2020 年），总共经历了 19 年，阿里巴巴和社区的付出有多少我们难以想象。作为一个普通的技术从业者，"拿来主义"不提倡，投桃报李方可行。

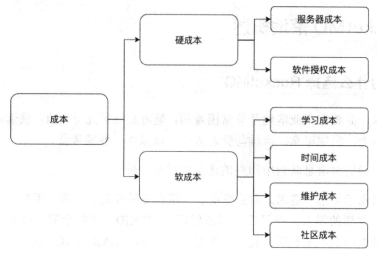

图 9-1

对于软成本，笔者觉得比硬成本更重要，因为它是看不见的，往往被大家忽略。可能很多人追求技术的创新却忘记了软成本，导致留下无数的技术债，随着业务不断发展，技术壁垒也愈发明显。

最后一个重要的考虑：性能。2020 年互联网行业仍然是流量的行业，高并发、大吞吐是当前面临的最大挑战之一。RocketMQ 在阿里巴巴内部各个平台都广泛使用，并且成功支撑了多个双 11 万亿级别的消息流量，充分证明了 RocketMQ 强大的吞吐能力。

9.1.2 如何做 RocketMQ 的集群管理

RocketMQ 的集群管理主要是对集群中 Broker、Namesrv、Topic、生产者、消费者进行统一管控。

RocketMQ 本身提供了一系列的管理接口，具体实现在 org.apache.rocketmq.tools.admin.DefaultMQAdminExt.java 文件中，源代码结构如图 9-2 所示。

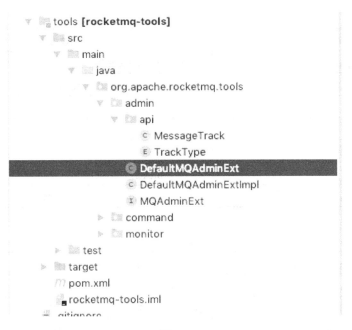

图 9-2

一般在生成环境中严禁开放自动创建 Topic 和消费者组,需要通过 API 进行统一管理。下面简单列出了 4.2.0 版本支持的一些管理 API,如表 9-1 所示,供大家在自研治理系统时参考。当然原生工具也提供命令行管理。

表 9-1

接 口 名	功 能 描 述
cleanExpiredConsumerQueue	清理集群的所有 Broker 中过期的 ConsumeQueue
cleanExpiredConsumerQueueByAddr	清理一个 Broker 中全部过期的 ConsumeQueue
cleanUnusedTopic	清理无用的 Topic
cleanUnusedTopicByAddr	清理一个 Broker 中全部无用的 Topic
cloneGroupOffset	克隆一个消费者组的全部消费位点
consumeMessageDirectly	一个消费者组再消费一次某一个消息
createAndUpdateKvConfig	创建或者更新 KV 配置
createAndUpdateSubscriptionGroupConfig	创建或者更新订阅关系配置

续表

接 口 名	功能描述
createAndUpdateTopicConfig	创建或者更新 Topic 配置
createOrUpdateOrderConf	创建或者更新 KV 配置中的顺序配置
createTopic	创建 Topic
deleteKvConfig	删除一个 KV 配置
deleteSubscriptionGroup	删除订阅关系
deleteTopicInBroker	删除一个 Broker 中 Topic 信息
deleteTopicInNameServer	删除一个 Namesrv 中的 Topic 路由信息
earliestMsgStoreTime	获取 ConsumeQueue 中最早消息的存储时间
examineBrokerClusterInfo	获取集群信息，包含 Broker 列表
examineConsumerConnectionInfo	获取一个消费者组在线消费的实例连接信息
examineConsumeStats	获取消费者消费统计数据
examineProducerConnectionInfo	获取一个生产者组生产 Topic 的实例
examineSubscriptionGroupConfig	获取一个消费者组的订阅关系配置
examineTopicConfig	获取一个 Topic 配置
examineTopicRouteInfo	获取一个 Topic 路由信息
examineTopicStats	获取一个 Topic 位点信息
fetchAllTopicList	获取集群中全部 Topic 信息
fetchBrokerRuntimeStats	获取 Broker 运行时信息
fetchConsumeStatsInBroker	获取消费者组统计信息
fetchTopicsByCLuster	查询一个集群中的 Topic 列表
getAllSubscriptionGroup	获取一个 Broker 中全部消费者的订阅关系
getAllTopicGroup	获取一个 Broker 中全部 Topic 的配置信息
getBrokerConfig	获取一个 Broker 配置
getClusterList	开源版本无实现
getConsumerRunningInfo	获取消费者运行时信息
getConsumeStatus	获取一个订阅关系当前的消费状态
getKvConfig	查询一个 key 对应的 value 值
getKvListByNamespace	查询一个命名空间中全部配置的 KV 信息
getNameServerConfig	获取 Namesrv 的配置信息

续表

接 口 名	功能描述
getTopicClusterList	查询一个 Topic 在哪些集群中
maxOffset	查询一个 ConsumeQueue 中最大的位点信息
minOffset	查询一个 ConsumeQueue 中最小的位点信息
putKvConfig	设置一个 KV 配置
queryConsumeQueue	查询 ConsumeQueue 信息
queryConsumeTimeSpan	查询一个订阅关系的消费延迟信息
queryMessage	消息查询
queryTopicConsumeByWho	查询一个 Topic 有哪些消费组消费
resetOffsetByTimestamp	按照时间重置消费位点
resetOffsetByTimestampOld	旧的方式按照时间重置消费位点
resetOffsetNew	新的方式按照时间重置消费位点
searchOffset	查找一个 ConsumeQueue 的某个时间的消费位点
updateBrokerConfig	动态修改 Broker 配置
updateConsumeOffset	更新消费位点
updateNameServerConfig	动态更新 Namesrv 配置
viewBrokerStatsData	获取 Broker 统计信息
viewMessage	查询消息
wipeWritePermOfBroker	去除 Broker 的写权限

表 9-1 的大部分核心功能在社区提供的 RocketMQ-Console 管理平台中都有，笔者建议使用 RocketMQ-Console 或者像 VIPKID 一样自研一套管理平台替代命令行操作，这样更加安全可靠。如何搭建 RocketMQ-Console 在 4.2.2 节中有详细的描述，读者可以按照描述一步步操作搭建。

在 VIPKID，我们基于 RocketMQ 开发了 VKMQ（VIPKID 消息队列），包含 Broker、Namesrv、游乐场管理平台、基于 Prometheus 的监控报警模块（Prometheus Exporter 代码已经贡献给 Apache 社区，可以直接下载使用）等整套生态，负责中国、美国等世界几十个国家和地区之间的消息扭转，目前的生产环境已稳定地运行了两年多。

在 VIPKID，最重要的不是知道如何管理集群，而是要知道在管理方法后面的每一个操作都需要有 Double-Check。

接下来，笔者将基于社区版 RocketMQ Console 讲解企业在践行 RocketMQ 时遇到的问题较多的场景。

9.2 RocketMQ 集群管理

9.2.1 Topic 管理

Topic 管理是集群管理中常见的操作，包括创建 Topic、查看 Topic 路由、修改 Topic 配置、重置消费位点。

1. 创建 Topic

创建 Topic 的核心在于，你需要知道 Topic 和队列（Queue）的关系，也叫 Topic 路由分布，下面展示一个名为 topicA 的 Topic 路由关系，如图 9-3 所示。

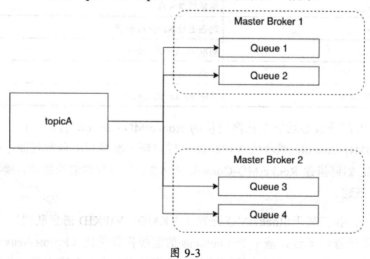

图 9-3

如图 9-3 所示，topicA 有 4 个 Queue，分布在两台 Broker 上。当有消息发送的时候，默认会均匀地发送给这 4 个 Queue。

接下来我们看看如何在 RocketMQ Console 上创建 topicA。

我们进入 Topic 管理页面，单击"新增/更新"按钮，会出现如图 9-4 所示的弹窗。

图 9-4

下面将依次讲解每个输入框的含义。

集群名：RocketMQ 集群名，和下一个选项 BROKER_NAME 二者选其一，如果选择集群名，则表示这个新建 Topic 的 Queue 会分布在这个集群的全部 Broker 中。

BROKER_NAME：RocketMQ Broker 的名字，选择后新建 Topic 的 Queue 会分布在选中的 Broker 机器上。集群名和 BROKER_NAME 只需选择一个就可以。

主题名：Topic 名字，字符串长度不能超过 255，不能与系统默认名字冲突，还需要满足正则表达式：^[%|a-zA-Z0-9_-]+$。

读/写队列数量：每台 Broker 上 Queue 的数量，建议设置为相同值。

perm：Topic 权限，这是一个常量，该常量的定义在 org.apache.rocketmq.common.constant.PermName 类中。2 表示只写，4 表示只读，6 表示读写均可。

创建完成后，检查创建的 Topic 是否和我们预期的一致。刷新页面后，搜索刚刚创建的 topicA，单击"路由信息"按钮，可以看到 topicA 的路由信息如图 9-5 所示。

topicA路由

brokerDatas:	broker:		master-broker-1
	brokerAddrs:	0	1.1.1.1:10911
		1	1.1.1.2:10911
	broker:		master-broker-2
	brokerAddrs:	0	1.1.1.3:10911
		1	1.1.1.4:10911

队列信息	BROKER_NAME	master-broker-1
	读队列数量	2
	写队列数量	2
	perm	6
	BROKER_NAME	master-broker-2
	读队列数量	2
	写队列数量	2
	perm	6

图 9-5

更新 Topic 在实际业务场景中会经常用到，我们通过两个场景进行具体的讲解。

场景 1：Topic 扩容

如果在实际业务中发现当前的发送效率已经不能满足业务需求，那么扩容是一种常用的处理手段。如图 9-3 所示，接受 topicA 消息的全部压力都在 master broker 1 和 master broker 2 上，我们怎样才能用新机器分摊压力呢？

第一步：部署新的 master broker 3、master broker 4 机器，部署步骤详见 4.2.2 节。

第二步：回到 RocketMQ Console 平台的 Topic 管理页面，单击"新增/更新"按钮。

第三步：如图 9-4 所示，在 BROKER_NAME 输入框中选择新加的 Broker。在输入 Queue 数量时要注意读、写 Queue 的数值表示在单台 Broker 中的数量，如果想将一半的流量分流到新的 Broker 中，那么读、写 Queue 数量都填 2。扩容后 topicA 的发送效率将增加一倍，新旧 2 组机器压力承担比例为 1:1，扩容后 topicA 的路由图变成如图 9-6 所示的样子。

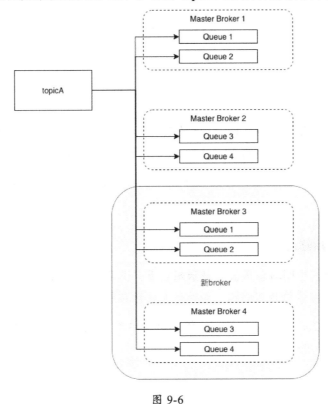

图 9-6

场景 2：Topic 权限更改

如图 9-6 所示，如果扩容后 Master Broker 4 机器有问题，那么理论上 topicA 会有 1/4 的消息发送失败，此时可以更改 topicA 在 Master Broker 4 上的权限为 0，表示不可读、不可写，如图 9-7 所示。

图 9-7

我们稍加分析可知，master broker 4 在禁止读写后，topicA 的路由会改变，全部的生产者在感知到路由变化后，不再将消息发送到 master broker 4。

消费者在进行 Rebalance 后，也会感知 topicA 的路由发生变化，将不再从 master broker 4 拉取消息消费。

2. Topic 重置消费位点

重置消费位点，也叫消息重放，表示想要重新消费以前的消息。在 RocketMQ 的实践过程中，我们发现重放总会有问题，明明一个很简单的功能却让大家头疼不已。

在 RocketMQ-Console 中，在 Topic 管理页面单击 topicA 一行中的"重置位点"按钮，会展示如图 9-8 所示的重置位点功能。

图 9-8

RocketMQ-Console 支持将指定消费者组的消费位点重置到某一个时间点,这样从指定的时间点到现在的所有消息都会重新投递给这个消费者组消费。

由于不是业务实际场景中发送的消息,所以要注意以下事项,否则可能会造成难以挽回的错误。

(1)回放消息的发送时间和实际消息的发送时间及顺序都不同。

比如之前发送的消息是按照 msg1、msg2 顺序发送并消费的,通过重置消费位点重新消费时,可能是按照 msg2、msg1 顺序发送的。

(2)重置时间最多不超过 CommitLog 保存时间。

如果 CommitLog 设置保存 7 天,那么最多只能重新消费 7 天的消息。

笔者还发现一个 bug,当客户端是 C++、Python 的客户端时,重置消费位点不生效。已经提交 PR(1892)处理,原因和修改大家可以查看 PR 描述。

9.2.2 消费者管理

在上一节中主要讲解了如何管理 Topic,本节主要讲解如何管理消费者。通常消费者管理就是指消费者组管理和消费者实例管理,关于消费者组和消费者实例的相关概念在第 4 章已做详细描述。

下面以图 9-9 中的订阅关系为例,讲解如何管理消费者组和消费者。

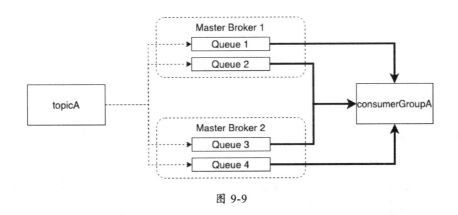

图 9-9

1. 创建/更新消费者组

在创建消费者组之前，我们回顾一下在 9.2.1 节中是如何创建 Topic 的：我们选择了 BROKER_NAME，填写了读写队列数。同理，在创建消费者组时，必须选择与需要消费的 Topic 相同的 BROKER_NAME 才能正确消费，我们查看创建消费者组的页面，如图 9-10 所示。

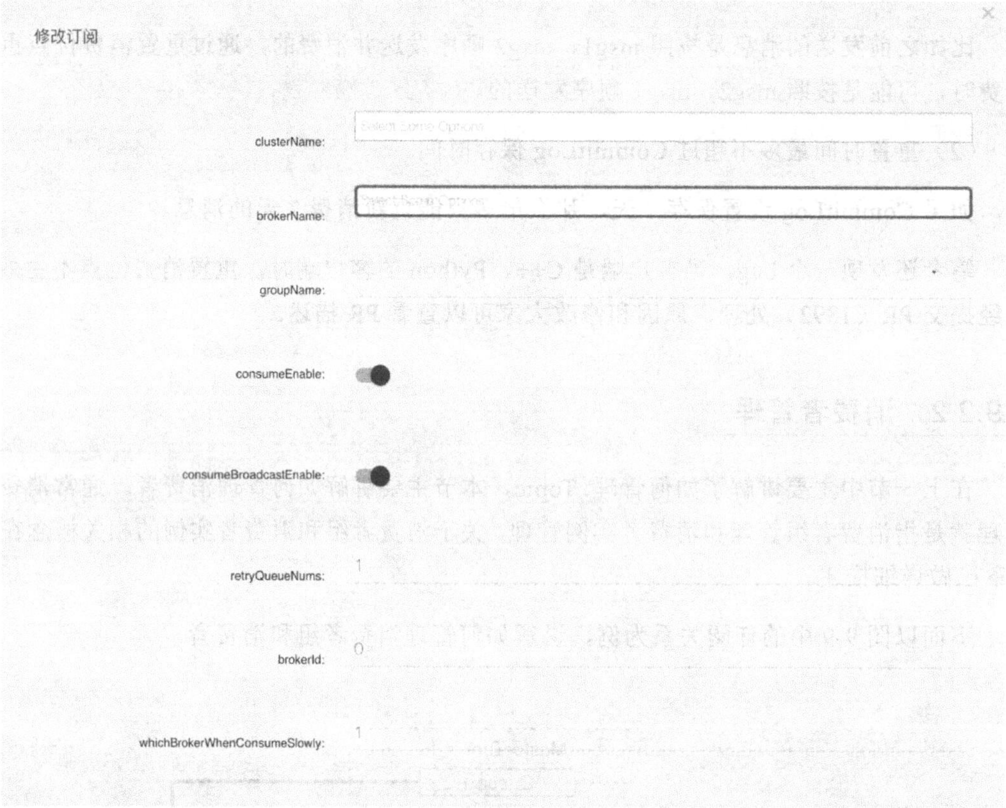

图 9-10

接下来我们对图 9-10 中的各项参数进行简要说明：

clusterName：集群名，如果选择一个集群，表示当前创建的消费者组可以消费这个集群中全部 Broker 的 Topic。

brokerName：Broker 名字，可以选多个。与 clusterName 字段，两者任意选择一个即可。此时必须选择 topicA 所在的 2 个 Broker 机器：Master Broker 1 和 Master Broker 2。

groupName：消费者组名，字符串长度不能超过 255，不能和系统默认名字冲突，还需要满足正则表达式：^[%|a-zA-Z0-9_-]+$。此处输入 consumerGroupA。

consumeEnable：消费开关，True 表示允许正常消费，False 表示暂停消费者组中的全部消费者实例的消费消息。

consumeBroadcastEnable：广播开关，True 表示当前消费者支持广播消费，False 表示支持集群消费。

retryQueueNums：重试 Topic 的队列数，默认为 1。

brokerId：0 表示 Master Broker，1 表示 Slave Broker。

whichBrokerWhenConsumeSlowly：如果从当前 Broker 消费消息慢，那么从哪个 Broker 消费能够分担消费压力。默认为 1，表示从 Slave Broker 消费。

创建完成后，编写消费代码如下：

```
DefaultMQPushConsumer       consumer       =       new       DefaultMQPushConsumer
("consumerGroupA");
consumer.setConsumeFromWhere(ConsumeFromWhere.CONSUME_FROM_FIRST_OFFSET);
consumer.subscribe("topicA", "*");
consumer.registerMessageListener(new MessageListenerConcurrently() {
    @Override
    public ConsumeConcurrentlyStatus consumeMessage(List<MessageExt> msgs,
ConsumeConcurrentlyContext context) {
        //todo 消息消费代码
        return ConsumeConcurrentlyStatus.CONSUME_SUCCESS;
    }
});
consumer.start();
```

创建/更新消费者是企业消息队列平台中常用的功能，接下来我们介绍几个常用场景。

场景 1：暂停消费者

由于业务消费代码出错，研发同学希望通过暂停消费来减少错误的业务代码带来的数据错误。通常研发同学发现问题、修改代码、QA 测试、走上线发布流程的时间周期相对不短，此时采取暂停消费者消费的方式无疑是正确的。

场景 2：广播消费

RocketMQ 支持集群消费和广播消费，具体详解见 4.1.2 节。设置广播和集群消费的方式可以参考图 9-10。

场景 3：扩容重试 Topic

由于业务代码出错导致大量消息消费失败而重试时，默认一个队列的重试 Topic 就会出现重试消息由于消费慢而堆积问题，此时通过增加重试 Topic 的队列数可以加大重试 Topic 的消费吞吐量。

2. 增加消费吞吐量

在生产消息过快或消费过慢时，会出现消息堆积。很多业务场景对堆积都比较敏感，此时增加消费吞吐量是必不可少的。增加消费吞吐量的方法有以下 3 个：

（1）加快业务代码消费，此为根本，但没有通用的解决办法，都需要具体问题具体分析，这里暂时不做过多讲解。

（2）增加单个消费者的消费线程数。

consumeThreadMin、consumeThreadMax 表示最小、最大消费线程数。一般地 consumeThreadMin 小于或等于 consumeThreadMax。consumeThreadMin 其实是消费线程池的核心线程数，这个值越大，说明有越多的回调线程可以同时回调给消费代码进行消费。

此处 RocketMQ 的客户端设计是，设置消费线程池中的工作队列长度为 Integer.MAX_VALUE，也就是"无界队列"，队列永远不会满，consumeThreadMax 也就永远无法发挥能力。也就是说，通常设置 consumeThreadMin 参数即可。这也算是开源版本 RocketMQ 客户端的一个设计缺陷。

（3）扩容消费者数。

如果增加单个消费者吞吐量后，消息堆积还是很多，那么可以横向扩展消费者实例数，以此增加消费吞吐量。但是消费者数也不能无限增加，一个 Topic 的队列只能被一个消费者实例消费，如果超过则会产生消费者"空消费"。

除以上这些常用实践外还有很多实践，这里就不一一列出了。

3. 订阅关系不一致的排查

订阅关系一致表示消费者组、Topic、标签在一个消费者组中须保持一致，如果不一致会有什么表现呢？

（1）通过查看消费详情，可以看到消费者客户端有空白项，如图 9-11 所示，多打开几次发现空白项的客户端位置在发生变化。

（2）通过查看消费详情，可以看到消费的主题数也在不断变化，有时包含 topicA，有时不包含。

topicA 4 2020-04-06 15:47:41

broker	queue	consumerClient	brokerOffset	consumerOffset	diffTotal	lastTimestamp
master-broker-1	0	172.0.1.1@1583480684235-79	2403828	2403827	1	2020-04-06 15:47:37
master-broker-2	1	172.0.1.2@1583480684235-79	2403781	2403781	0	2020-04-06 15:47:36
master-broker-1	0		2403782	2403109	673	2020-04-06 14:47:36
master-broker-2	1	172.0.1.1@1583480684235-79	2403828	2403827	1	2020-04-06 15:47:37

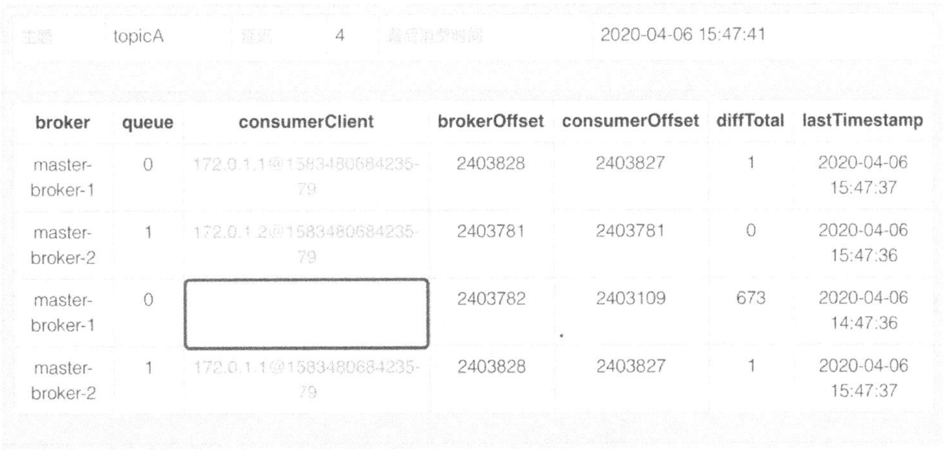

图 9-11

但是在真正出现订阅关系不一致时，如何排查呢？

如图 9-12 所示，单击“终端”按钮，会弹出如图 9-13 所示的该消费者组全部的订阅关系。如果出现订阅关系不一致时，多打开几次看到的结果就会不一样，正常情况下是完全一致的。

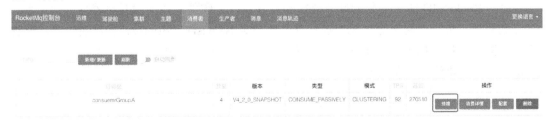

图 9-12

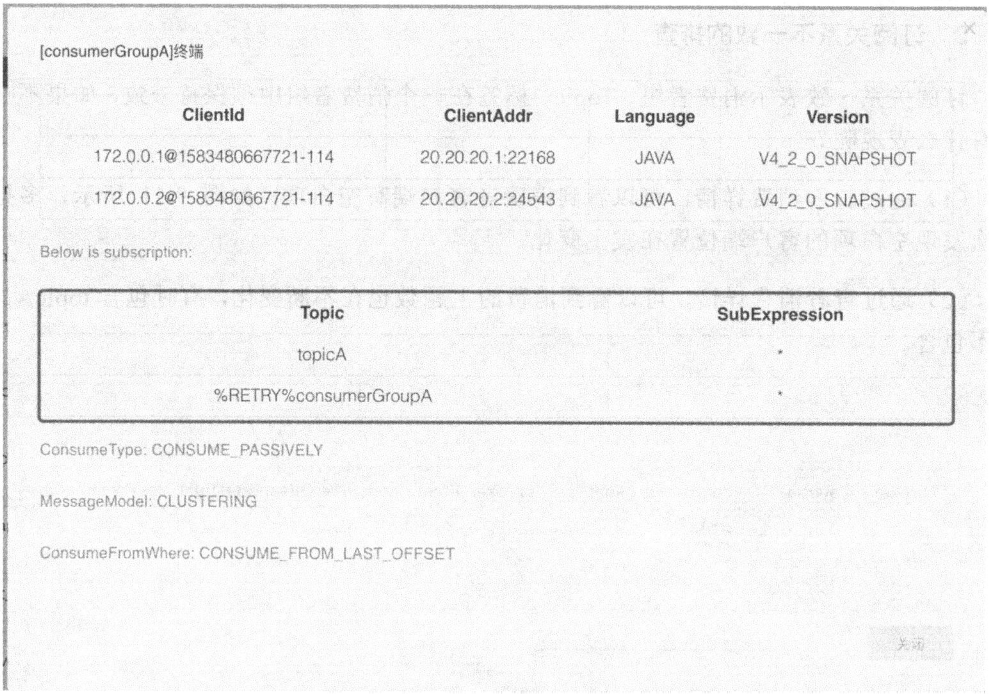

图 9-13

9.3 RocketMQ 集群监控和报警

9.3.1 监控和报警架构

对于 RocketMQ 的监控分为硬件监控和软件监控。硬件监控一般是机器内存使用率、CPU 使用率、磁盘使用率等主机监控；软件监控是 Namesrv、Broker、客户端生产、消费的指标数据监控和报警。一般运维的读者会默认添加主机监控，这里笔者主要介绍基于 Prometheus 的软件监控和报警。

整个监控和报警架构如图 9-14 所示。

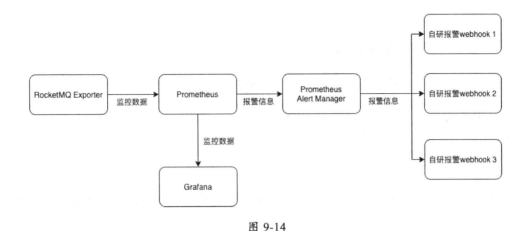

图 9-14

我们分别介绍每一个组件的功能和使用。

RocketMQ Exporter：Apache RocketMQ 社区提供的标准 Prometheus Exporter，可以将全部 RocketMQ 监控指标导出到 Prometheus 中。

Prometheus：中文名叫普罗米修斯，可以通过 Exporter 获取监控指标，Prometheus 可以保存、查询指标，并提供报警配置。目前它几乎成为业界监控标杆，这里不做过多介绍。读者可以登录 prometheus.io 官网进行学习。

Grafana：是一个开源的数据分析和展示平台。

Prometheus Alert Manager：Prometheus 官方提供的报警组件，可以和 Prometheus 配合报警。Alert Manager 可以配置多种监控方式，笔者推荐基于 Webhook 的报警配置。

自研报警 Webhook：基于 Prometheus Alert Manager Webhook 报警的一种实现。如何实现可以参考 Prometheus Alert Manager 官方的相关文档。

这些报警组件是如何串联起来实现报警的呢？

当 Prometheus 配置了报警规则后，每次从 Exporter 采集数据时都会计算哪些指标数据命中了报警规则，同时将这些指标包装成报警信息发送给 Prometheus Alert Manager。

Prometheus Alert Manager 接收报警信息后，会设置初步处理报警规则，比如报警分组、抑制等。然后将仍然激活的报警发送给 Webhook，也就是图 9-14 中的流程。

9.3.2 基于 Grafana 监控

RocketMQ 的监控项有几十个，都可以通过管理类 API 查询到指标数据。

RocketMQ 社区提供了一个 RocketMQ Prometheus Exporter，可以帮助我们快速地搭建一套监控体系，接下来分步讲解 exporter 的使用。

第一步：从 GitHub 下载源代码。

第二步：修改 Namesrv 地址。将配置文件 ./resources/application.properties 中的 rocketmq.config.namesrvAddr 配置项修改为你的 Namesrv 集群地址。如果有多个地址，则用分号隔开。

第三步：执行命令 maven clean package。然后，在 target 目录下找到编译结果。

第四步：修改 application.yml 中的 rocketmq.config.namesrvAddr 配置项的值为需要监控的 RocketMQ 集群的 Namesrv 地址，启动 jar，通过访问 localhost:5557/metrics 可以看到 exporter 采集的数据指标。

第五步：在 Prometheus 的配置文件中配置 exporter。

```
- job_name: 'rocketmq'
  scrape_interval: 5s
  static_configs:
    - targets: ['xx.xx.xx.xx:5557']
      labels:
        env: dev
```

在 Prometheus 中输入 "rocketmq" 可以查看如图 9-15 所示的采集指标项。如果想要展示各种指标曲线或者报警，都可以基于这些数据来做。

第六步：在 Grafana 中添加 Prometheus 为数据源后，添加消费者堆积监控曲线表达式如下：rocketmq_group_diff{group="消费者组名",topic="消费者订阅的 topic"}。笔者配置好的样例如图 9-16 所示。

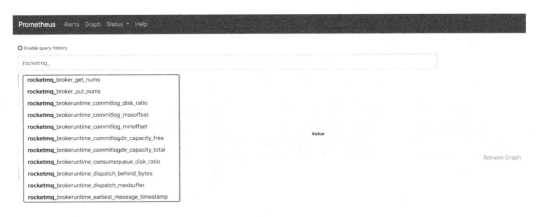

图 9-15

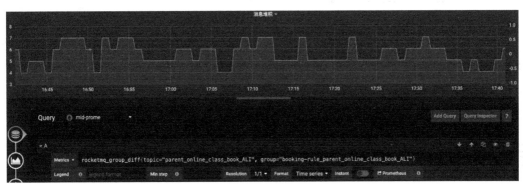

图 9-16

9.3.3 基于 Prometheus 的报警

一般企业内部都会有自己研发的报警系统,通过打电话、发短信、发邮件等各种方式发送报警。如何配置才能发送报警呢?

首先,需要在 Prometheus 中配置如下报警规则:

```
alert: CONSUMER_DIFF_HIGH
expr: rocketmq_group_diff{topic="需要报警的 Topic", group="需要报警的消费者组名"} > 100
for: 2m
annotations:
  description: 堆积报警
  duration: 2m
```

```
    env: prod
    threshold: "100"
    value: '{{ $value }}'
```

以上规则表示，消息堆积超过 100 就报警。

然后，RocketMQ Exporter 将监控指标上报到 Prometheus，Prometheus 会根据报警规则计算当前上报数据是否命中规则条件。如果命中则根据在 Prometheus Alert Manager 中配置的如下所示的 web.hook 告警，将当前上报的指标信息包装成报警信息发送给 web.hook 中的 API 地址：

```
- name: web.hook
  webhook_configs:
  - send_resolved: false
    url: http://127.0.0.1:8082/webhook/alert
```

当 http://127.0.0.1:8082/webhook/alert 收到告警时，读者可以通过公司内部的报警系统进行报警。

9.4　RocketMQ 集群迁移

不管我们愿意与否，不管是自建机房还是使用云主机或容器，各种由软件或硬件产生的故障都是不可避免的，当然 RocketMQ 在设计之初也考虑过这些问题。

RocketMQ 的集群迁移特指 Namesrv、Broker 的迁移。一般企业需求需要满足两点：对研发透明、消息不丢失。Namesrv 机器之间因为是无状态的，所以迁移相对简单，在这里我们主要介绍如何迁移 Broker 集群。

Broker 集群迁移可以采用 Topic 扩容的方式进行。具体的迁移过程笔者总结为如图 9-17 所示的三个阶段。

图 9-17

第一阶段

新集群准备：需要完成新 Broker 部署、Broker 服务器主机监控、Broker 指标监控、Broker 功能测试、Broker 性能测试。务必保证新集群能被监控，务必保证新集群的可用性和性能，务必保证迁移到新集群后原有的吞吐量和支持能力不会下降，否则很难保证对业务无影响。

第二阶段

Topic 迁移：将原集群中的全部 Topic 信息按照原有配置（配置主要包含队列数量、Topic 权限等）读出，写入新集群机器。

消费者组迁移：将原集群中全部消费者组信息按照原有配置（配置主要包含订阅的 Topic 所在的 Broker 机器、消费者组名字、广播设置等）全部读出，写入新集群。

迁移完 Topic 和消费者组后，Topic 相当于全部扩容，新消息会写入新、旧集群，消费也会在新、旧两个集群中进行。

第三阶段

禁写原集群：如何禁写可以查看 9.2.1 节 Topic 权限部分，将原有集群的全部 Broker 中的 Topic 依次设置为不可写、可读。这样生产者在进行 Rebalance 后，就不再向旧 Broker 写入消息；同时消费者在进行 Rebalance 后，将同时从新集群、旧集群消费信息。

当旧集群消息消费完毕后，将旧集群中的全部 Topic 设置为不可读、不可写，生产者再次进行 Rebalance 后，只向新集群写消息；同时消费者再次进行 Rebalance 后，也只从新集群消费消息。自此，生产消费完全透明地迁移到了新集群。

原集群校验与下线：在确认原集群没有任何读写流量后，关闭原集群报警，下线原有 Broker 机器。

该过程中最难的部分是，不仅需要保证每个阶段都能正确地、自动化地被操作，而且需要保证操作结果可自动化验证。

9.5 RocketMQ 测试环境实践

为什么需要单独讲测试环境呢？消息队列中间件的最终用户都是公司的研发人员，测试环境也是研发使用最频繁的环境，自然也是问题最多的。测试环境为了研发人员方便会有多个子环境，这与 RocketMQ 中订阅关系必须保持一致的规则相冲突，导致不同环境的消费者"抢消费"的情况发生。

本节我们主要讲一下"抢消费"问题。

面对同一个工程的代码：同事 A 修改了一个 bug，部署了一个子环境 1.1.1.1 的机器；同事 B 新添加一个 Topic 4 进行消费，部署到 1.1.1.2 的另一个子环境，如图 9-18 所示。如果连接到同一个 RocketMQ 集群，会怎样？

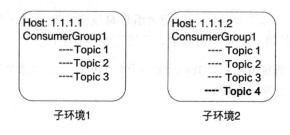

图 9-18

答案：订阅关系不一致，导致消息消费混乱。如果同事 B 测试 Topic 4 的消息消费，那么可能偶尔会有消息不能消费；如果同事 B 想测试 Topic1 的消息消费，则发现偶尔被 1.1.1.1 的机器消费了，而不是 B 发布代码的子环境 1.1.1.2，也就是 1.1.1.1 子环境"抢"了 1.1.1.2 子环境的消息。

这是一个常见的场景，应该怎么解决呢？

解决方案 1

每一个子环境启动一套 RocketMQ 集群，这样每个环境完全独立，互相不干扰。

解决方案 2

每一个子环境创建一套订阅关系，图 9-18 的订阅关系变成如图 9-19 所示。

第一种方案比较简单，但是成本比较高。第二种方案操作相对麻烦，但是成本比较低。读者可以根据自己公司的实际情况进行选择。

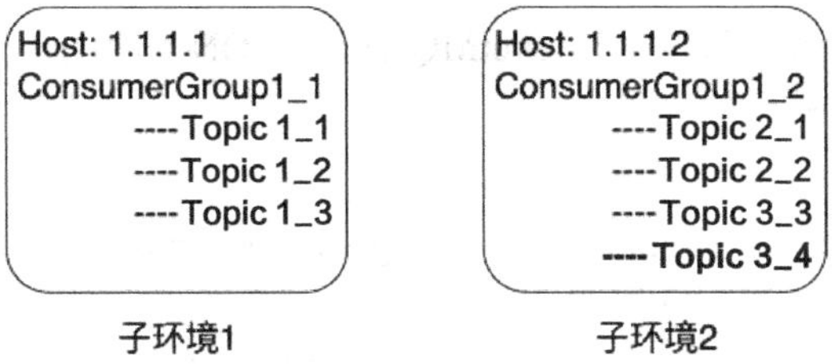

```
┌─────────────────┐    ┌─────────────────┐
│ Host: 1.1.1.1   │    │ Host: 1.1.1.2   │
│ ConsumerGroup1_1│    │ ConsumerGroup1_2│
│   ----Topic 1_1 │    │   ----Topic 2_1 │
│   ----Topic 1_2 │    │   ----Topic 2_2 │
│   ----Topic 1_3 │    │   ----Topic 3_3 │
│                 │    │   ----Topic 3_4 │
└─────────────────┘    └─────────────────┘
      子环境1                  子环境2
```

图 9-19

9.6 RocketMQ 接入实践

9.6.1 Spring 接入 RocketMQ

RocketMQ-Spring 是 RocketMQ 社区同学开源的一款基于 spring 的包装，下面讲一下如何使用 RocketMQ-Spring。

第一步：添加 maven 依赖。

```xml
<dependency>
    <groupId>org.apache.rocketmq</groupId>
    <artifactId>rocketmq-spring-boot-starter</artifactId>
    <version>2.1.0</version>
</dependency>
```

第二步：添加生产者 spring 配置。

```
rocketmq.name-server=127.0.0.1:9876
rocketmq.producer.group=my-group1
rocketmq.producer.sendMessageTimeout=300000

demo.rocketmq.topic=string-topic
demo.rocketmq.topic.user=user-topic
```

第三步：添加生产者代码。

生产者 rocketMQTemplate 会根据配置的 Namesrv 地址自动生成一个 bean 注入 spring 容器中，我们在使用的时候直接添加 @Resource 或者 @Autowired 注解即可。当前的版本支持直接发送一个对象或字符串，RocketMQ 使用 JSON 作为序列化方式进行传输。下面列出两种使用方式，代码如下：

```java
@SpringBootApplication
public class ProducerApplication implements CommandLineRunner {
    @Autowired
    private RocketMQTemplate rocketMQTemplate;//直接注入生产者
    @Value("${demo.rocketmq.topic}")
    private String springTopic;
    @Value("${demo.rocketmq.topic.user}")
    private String userTopic;

    public void sendDemo1() {
        SendResult sendResult = rocketMQTemplate.syncSend(springTopic, "Hello, World!");
        System.out.printf("syncSend1 to topic %s sendResult=%s %n", springTopic, sendResult);
    }

    public static void main(String[] args) {
        SpringApplication.run(ProducerApplication.class, args);
    }

    @Override
    public void run(String... args) {
        this.sendDemo1();
    }
}
```

第四步：消费代码。

消费者主要使用 RocketMQMessageListener 接口进行监听配置。

```java
@Service
@RocketMQMessageListener(
        topic = "${demo.rocketmq.topic.user}",
        consumerGroup = "user_consumer")
public class UserConsumer implements RocketMQListener<User> {
    @Override
    public void onMessage(User message) {
        System.out.printf("received: %s ; \n", message);
    }
}
```

接下来我们看看 RocketMQMessageListener 有哪些常用配置。

（1）消费配置

String consumerGroup()：消费者组。

String topic()：Topic 名字。

SelectorType selectorType() default SelectorType.TAG：过滤方式，默认为 Tag 过滤。

String selectorExpression() default "*"：过滤值，默认为全部消费，不过滤。

ConsumeMode consumeMode()：消费模式，有顺序消费、并发消费。

MessageModel messageModel()：消息模式，有集群消费、广播消费。

int consumeThreadMax() default 64：最大消费线程数，默认为 64。

long consumeTimeout() default 30000L：消费超时，默认为 30s。

（2）ACL 权限配置

String accessKey() default ACCESS_KEY_PLACEHOLDER

String secretKey() default SECRET_KEY_PLACEHOLDER

String accessChannel() default ACCESS_CHANNEL_PLACEHOLDER;

（3）消息轨迹配置

boolean enableMsgTrace() default true：是否开启消息轨迹，默认打开。

String customizedTraceTopic() default TRACE_TOPIC_PLACEHOLDER：保存消息轨迹的 Topic。

String nameServer() default NAME_SERVER_PLACEHOLDER：消费 Namesrv 地址。

9.6.2 Python 接入 RocketMQ

下面介绍一下 Python 客户端的使用方式。

1. 安装客户端

（1）安装依赖库

① CentOS

a. wget https://github.com/apache/rocketmq-client-cpp/releases/download/2.0.0/rocketmq-client-cpp-2.0.0-centos7.x86_64.rpm

b. sudo rpm -ivh rocketmq-client-cpp-2.0.0-centos7.x86_64.rpm

② Debian

a. wget https://github.com/apache/rocketmq-client-cpp/releases/download/2.0.0/rocketmq-client-cpp-2.0.0.amd64.deb

b. sudo dpkg -i rocketmq-client-cpp-2.0.0.amd64.deb

③ Mac

a. wget https://github.com/apache/rocketmq-client-cpp/releases/download/2.0.0/rocketmq-client-cpp-2.0.0-bin-release.darwin.tar.gz

b. tar -xzf rocketmq-client-cpp-2.0.0-bin-release.darwin.tar.gz

c. cd rocketmq-client-cpp

d. mkdir /usr/local/include/rocketmq

e. cp include/* /usr/local/include/rocketmq

f. cp lib/* /usr/local/lib

g. install_name_tool -id "@rpath/librocketmq.dylib" /usr/local/lib/librocketmq.dylib

（2）安装 RocketMQ Python 客户端。使用 pip 安装命令如下：

```
pip install rocketmq-client-python
```

2. 如何生产消息。生产者生产消息的代码如下：

```
from rocketmq.client import Producer, Message
producer = Producer('PID-XXX') // 初始化生产者对象
producer.set_name_server_address('127.0.0.1:9876') //设置 Namesrv 地址
producer.start()//启动生产者
```

```
msg = Message('需要生产消息的 Topic')
msg.set_keys('XXX')
msg.set_tags('XXX')
msg.set_body('XXXX')
ret = producer.send_sync(msg)//同步发送消息
print(ret.status, ret.msg_id, ret.offset)
producer.shutdown()  // 关闭生产者
```

3.如何消费消息。消费者消费消息的代码如下:

```
import time
from rocketmq.client import PushConsumer

def callback(msg)://消费回调方法,业务代码在这里消费消息
    print(msg.id, msg.body)
consumer = PushConsumer('CID_XXX')//初始化一个 Push 消费者实例
consumer.set_name_server_address('127.0.0.1:9876')  // 设置消费者的 Namesrv 地址
consumer.subscribe('YOUR-TOPIC', callback)//订阅一个 Topic
consumer.start()//消费者启动
while True:
    time.sleep(3600)
consumer.shutdown()
```

附 录

RocketMQ 4.2.0 Namesrv 基本配置参数

	配置项	值样例	说明
1	clusterTest	0	是否测试集群
2	configStorePath	../conf/namesrv.conf	Namesrv 配置文件路径
3	kvConfigPath	/data/rocketmq/namesrv/kvConfig.properties	RocketMQ 4.2.0 没有使用该配置
4	listenPort	9876	与 Broker、客户端通信的端口
5	orderMessageEnable	0	RocketMQ 4.2.0 没有使用该配置
6	productEnvName	center	RocketMQ 4.2.0 没有使用该配置
7	rocketmqHome	/opt/namesrv/rocketmq	RocketMQ 安装根目录

续表

	配置项	值样例	说明
8	serverAsyncSemaphoreValue	64	允许通信层的公共服务端线程池异步请求处理并行任务数。RocketMQ 通信层根据不同的业务使用不同的处理线程池，如果业务没有注册对应的处理线程池，则使用公用的处理线程池
9	serverCallbackExecutorThreads	0	通信层公共服务端线程池的线程数
10	serverChannelMaxIdleTimeSeconds	120	通信层连接允许的最大空闲时间，单位为 s
11	serverOnewaySemaphoreValue	256	允许通信层公共服务端线程池单向请求处理并行任务数
12	serverPooledByteBufAllocatorEnable	1	是否开启通信层 Buffer 缓存
13	serverSelectorThreads	3	通信层 I/O 线程数
14	serverSocketRcvBufSize	65 535	套接字接收数据缓冲区大小，单位为字节
15	serverSocketSndBufSize	65 535	套接字发送数据缓冲区大小，单位为字节
16	serverWorkerThreads	8	通信层业务请求线程池的线程数
17	useEpollNativeSelector	0	通信层是否使用原生 Epoll 模型

RocketMQ4.2.0 Broker 基本配置参数

	配置项	值样例	说明
1	accessMessageInMemoryMaxRatio	40	主 Broker 可访问的消息在内存中的占比，40 表示 40%。从 Broker 占比为 30
2	adminBrokerThreadPoolNums	16	Broker 处理管理请求的线程池的线程数。核心线程数和最大线程数都等于这个值
3	autoCreateSubscriptionGroup	0	是否允许自动创建消费者组，生产环境不要开启
4	autoCreateTopicEnable	0	是否允许自动创建 Topic，生产环境不要开启
5	bitMapLengthConsumeQueueExt	112	ConsumeQueue 扩展信息中过滤器 bitMap 的长度
6	brokerClusterName	rocketmq-cluster-20	Broker 所属集群的集群名
7	brokerFastFailureEnable	1	是否开启 Broker 快速失败的功能
8	brokerId	0	Broker 编号 0 表示主节点，1 表示从节点

续表

	配置项	值样例	说明
9	brokerIP1	13.13.14.14	Broker 与客户端、Namesrv 通信端口绑定的 IP 地址。多网卡时使用
10	brokerIP2	13.13.14.14	Broker 主从同步通信绑定的 IP 地址,多网卡时使用
11	brokerName	rocketmq-broker-g20-1	在一个集群中,Broker 名字相同、BrokerId 不同的机器组成主从关系
12	brokerPermission	6	Broker 写入权限
13	brokerRole	ASYNC_MASTER SYNC_MASTER SLAVE	broker 角色,也表示 Broker 主从之间的复制方式。ASYNC_MASTER 表示异步复制,SYNC_MASTER 表示同步复制,SLAVE 表示从 Broker
14	brokerTopicEnable	1	是否生成以 Broker 名字命名的系统 Topic
15	channelNotActiveInterval	60 000	RocketMQ 4.2.0 没有使用该配置
16	checkCRCOnRecover	1	关机恢复时是否检查每个消息的 CRC 码
17	cleanFileForciblyEnable	1	是否强制清理过期文件
18	cleanResourceInterval	10 000	清理过期文件间隔
19	clientAsyncSemaphoreValue	65 535	客户端异步并行请求的最大数
20	clientCallbackExecutorThreads	4	客户端处理异步处理响应的线程数
21	clientChannelMaxIdleTimeSeconds	120	客户端连接空闲超时时间,单位为 s
22	clientCloseSocketIfTimeout	0	如果连接超时,客户端是否关闭连接
23	clientManagerThreadPoolQueueCapacity	1 000 000	处理客户端管理请求的线程池的工作队列长度
24	clientManageThreadPoolNums	32	处理客户端管理请求的线程池的线程数。核心线程数和最大线程数都等于这个值
25	clientOnewaySemaphoreValue	65 535	客户端单向发送请求最大数
26	clientPooledByteBufAllocatorEnable	0	RocketMQ 4.2.0 没有使用该配置
27	clientSocketRcvBufSize	131 072	客户端读取套接字缓冲区大小,单位为字节
28	clientSocketSndBufSize	131 072	客户端发送套接字缓冲区大小,单位为字节
29	clientWorkerThreads	4	客户端工作线程数
30	clusterTopicEnable	1	是否生成以集群名字命名的系统 Topic
31	commercialBaseCount	1	商业数据统计,开源版本不支持
32	commercialBigCount	1	商业数据统计,开源版本不支持
33	commercialEnable	1	商业数据统计,开源版本不支持
34	commercialTimerCount	1	商业数据统计,开源版本不支持

续表

	配置项	值样例	说明
35	commercialTransCount	1	商业数据统计,开源版本不支持
36	commitCommitLogLeastPages	4	异步提交 CommitLog 时,每次提交多少页数据,默认为 4
37	commitCommitLogThoroughInterval	200	两次异步提交 CommitLog 的最大间隔时间,如果超过该值,则直接提交。单位为 ms
38	commitIntervalCommitLog	200	提交 CommitLog 的间隔时间,单位为 ms
39	connectTimeoutMillis	3000	连接超时时间
40	consumerFallbehindThreshold	17 179 869 184	消息最大堆积字节数。该配置项和 disableConsumeifConsumeIfConsumerReadSlowly 配置项联合使用,消费者实际未消费的字节数超过该值后会被禁止消费
41	consumerManagerThreadPoolQueueCapacity	1 000 000	RocketMQ 4.2.0 没有使用该配置
42	consumerManageThreadPoolNums	32	处理消费者管理请求的线程池的线程数。核心线程数和最大线程数都等于这个值
43	debugLockEnable	0	是否开启 CommitLog 写锁耗时日志输出
44	defaultQueryMaxNum	32	按照 key 查询消息时,一次最多返回的消息数
45	defaultTopicQueueNums	8	Broker 自动创建 Topic 时,Topic 默认的队列数
46	deleteCommitLogFilesInterval	100	两个 CommitLog 文件被删除的间隔时间,单位为 ms
47	deleteConsumeQueueFilesInterval	100	两个 ConsumeQueue 文件被删除的间隔时间,单位为 ms
48	deleteWhen	4	CommitLog 每天凌晨 4 点删除过期数据
49	destroyMapedFileIntervalForcibly	120 000	强制销毁内存映射文件的间隔时间,单位为 ms
50	disableConsumeIfConsumerReadSlowly	0	是否启用消费者消费慢则禁用消费机制,与 consumerFallbehindThreshold 配置项联合使用
51	diskFallRecorded	1	是否记录磁盘的使用情况
52	diskMaxUsedSpaceRatio	75	磁盘的最大使用率,超过该值后强制删除过期文件。该值范围为 10~95

续表

	配置项	值样例	说明
53	duplicationEnable	0	数据恢复时,是否允许数据重复。true 表示用户数据肯定不会丢失,但是可能存在重复数据被消费;false 表示不会有重复数据被消费,但是存在丢失数据的风险
54	enableCalcFilterBitMap	0	是否开启 BitMap 过滤
55	enableConsumeQueueExt	0	是否允许创建 ConsumeQueue 扩展信息
56	enablePropertyFilter	0	是否开启属性过滤
57	expectConsumerNumUseFilter	32	期望使用一个过滤器的消费者数
58	fastFailIfNoBufferInStorePool	0	主 Broker 是否允许没有额外资源时快速失败
59	fetchNamesrvAddrByAddressServer	0	是否开启定时从指定 URL 获取 Namesrv 地址
60	fileReservedTime	36	CommitLog 保存时间,单位为 h
61	filterDataCleanTimeSpan	86 400 000	消费者下线多久后,清理过滤器缓存数据,单位为 ms
62	filterServerNums	0	过滤服务器数量
63	filterSupportRetry	0	消息重试时是否支持过滤
64	flushCommitLogLeastPages	4	CommitLog 的最小 Flush 内存页数
65	flushCommitLogThoroughInterval	10 000	CommitLog 彻底刷盘的间隔时间,单位为 ms。超过该时间即执行刷盘
66	flushCommitLogTimed	0	是否开启定时异步刷盘
67	flushConsumeQueueLeastPages	2	ConsumeQueue 最小 Flush 内存页数
68	flushConsumeQueueThoroughInterval	60 000	ConsumeQueue 刷盘间隔时间,单位为 ms。超过该时间即执行刷盘
69	flushConsumerOffsetHistoryInterval	60 000	RocketMQ 4.2.0 没有使用该配置
70	flushConsumerOffsetInterval	5000	ConsumeQueue 位点定时持久化时间间隔,单位为 ms
71	flushDelayOffsetInterval	10 000	延迟消息位点定时持久化间隔,单位为 ms
72	flushDiskType	ASYNC_FLUSH SYNC_FLUSH	刷盘方式,可以配置同步(SYNC_FLUSH)、异步刷盘(ASYNC_FLUSH)
73	flushIntervalCommitLog	500	CommitLog 持久化磁盘间隔,单位为 ms
74	flushIntervalConsumeQueue	1000	ConsumeQueue 持久化间隔,单位为 ms

续表

	配置项	值样例	说明
75	flushLeastPagesWhenWarmMapedFile	4096	CommitLog 预热时刷盘的数据页数，该配置只对同步刷盘有效。预热是将 0 写入数据块中，防止缺页中断
76	haHousekeepingInterval	20 000	与 Broker 同步超时时间，单位为 ms
77	haListenPort	10 912	Broker 主从复制通信端口
78	haSendHeartbeatInterval	5000	Broker 主从心跳间隔，单位为 ms
79	haSlaveFallbehindMax	268 435 456	Broker 主从同步时，允许从 Broker 落后的数据字节数
80	haTransferBatchSize	32 768	Broker 主从同步时，一次传输的数据字节数
81	highSpeedMode	0	RocketMQ 4.2.0 没有使用该配置
82	listenPort	10 911	Broker 与 Namesrv、Broker 与客户端的常规通信端口。VIP 通道的通信端口号的数值是正常端口号的数值减去 2
83	longPollingEnable	1	Broker 是否开启长轮询
84	mapedFileSizeCommitLog	1 073 741 824	一个 CommitLog 文件的大小。单位为字节，默认为 1GB
85	mapedFileSizeConsumeQueue	6 000 000	ConsumeQueue 文件大小，单位为字节
86	mappedFileSizeConsumeQueueExt	50 331 648	ConsumeQueue 扩展文件大小，单位为字节
87	maxDelayTime	40	RocketMQ 4.2.0 没有使用该配置
88	maxErrorRateOfBloomFilter	20	允许布隆过滤器最大的错误率，默认为 20%
89	maxHashSlotNum	5 000 000	Index 索引最大 Hash 槽位数
90	maxIndexNum	20 000 000	一个 Index 索引文件中最大的索引条数
91	maxMessageSize	4 194 304	最大消息体字节数，默认为 4MB
92	maxMsgsNumBatch	64	批量发送消息时，一次最大发送消息数
93	maxTransferBytesOnMessageInDisk	65 536	消息拉取时允许从磁盘中拉取的最大字节数
94	maxTransferBytesOnMessageInMemory	262 144	消息拉取时允许从内存中拉取的最大字节数
95	maxTransferCountOnMessageInDisk	8	消息拉取时允许从磁盘中拉取的最大条数
96	maxTransferCountOnMessageInMemory	32	消息拉取时允许从内存中拉取的最大条数
97	messageDelayLevel	1s5s10s30s1m2m3m4m5m6m7m8m9m10m20m30m1h2h	延迟消息支持的延迟级别

续表

	配置项	值样例	说明
98	messageIndexEnable	1	是否开启 Index 索引
99	messageIndexSafe	0	Broker 关机恢复时,是否允许 Index 索引文件和 Checkpoint 不一致
100	messageStorePlugIn		存储模块插件
101	namesrvAddr	13.10.10.161:9876;13.11.27.23:9876	Broker 连接的 Namesrv 列表,多个 Namesrv 用分号分开
102	notifyConsumerIdsChangedEnable	1	消费者数量变化时,是否通知客户端执行 reblance 命令
103	offsetCheckInSlave	0	拉取消息时,从节点是否检查位点的正确性
104	osPageCacheBusyTimeOutMills	2000	CommitLog 向 PageCache 写入数据的超时时间,单位为 ms。如果向 PageCache 写入数据的耗时超过该值,则说明操作系统繁忙,此时 Broker 会结束用户请求,以保护自己
105	pullMessageThreadPoolNums	24	处理消息拉取请求的线程池的线程数。核心线程数和最大线程数都等于这个值
106	pullThreadPoolQueueCapacity	100 000	处理消息拉取请求的线程池的工作队列长度
107	putMsgIndexHightWater	600 000	RocketMQ 4.2.0 没有使用该配置
108	queryMessageThreadPoolNums	12	处理消息查询请求的线程池的线程数。核心线程数和最大线程数都等于该值
109	queryThreadPoolQueueCapacity	20 000	处理消息查询请求的线程池的工作队列长度
110	redeleteHangedFileInterval	120 000	删除 Hang 住文件时间间隔,单位为 ms
111	regionId	DefaultRegion	资源组 id,多机房部署时可用
112	registerBrokerTimeoutMills	6000	Broker 注册到 Namesrv 的超时时间,单位为 ms
113	rejectTransactionMessage	1	是否拒绝事务消息
114	rocketmqHome	/opt/rocketmq	RocketMQ 的安装的根目录
115	sendMessageThreadPoolNums	1	处理发送消息请求的线程池的线程数。核心线程数和最大线程数都等于该值
116	sendThreadPoolQueueCapacity	10 000	处理发送消息请求的线程池的工作队列长度

续表

	配置项	值样例	说明
117	serverAsyncSemaphoreValue	64	允许通信层公共服务端的线程池异步请求处理并行任务数。RocketMQ 通信层根据不同的业务使用不同的处理线程池，如果业务没有注册对应的处理线程池，则使用公用的处理线程池
118	serverCallbackExecutorThreads	0	通信层公共服务端线程池的线程数
119	serverChannelMaxIdleTimeSeconds	120	通信层连接允许的最大空闲时间，单位为 s
120	serverOnewaySemaphoreValue	256	允许通信层的公共服务端线程池单向请求处理并行任务数
121	serverPooledByteBufAllocatorEnable	1	是否开启通信层 Buffer 缓存
122	serverSelectorThreads	3	通信层 I/O 线程数
123	serverSocketRcvBufSize	131 072	套接字接收数据缓冲区大小，单位为字节
124	serverSocketSndBufSize	131 072	套接字发送数据缓冲区大小，单位为字节
125	serverWorkerThreads	8	通信层业务请求线程池的线程数
126	shortPollingTimeMills	1000	短轮询的超时时间，单位为 ms
127	slaveReadEnable	0	是否允许消息从从节点读取
128	startAcceptSendRequestTimeStamp	0	RocketMQ 4.2.0 没有使用该配置
129	storePathCommitLog	/data/rocketmq/commitlog	CommitLog 保存目录
130	storePathRootDir	/data/rocketmq	Broker 数据存储根目录
131	syncFlushTimeout	5000	同步刷盘的超时时间，单位为 ms
132	traceOn	1	RocketMQ 4.2.0 没有使用该配置
133	transferMsgByHeap	1	是否通过堆 Buffer 传输消息
134	transientStorePoolEnable	0	是否开启读写分离
135	transientStorePoolSize	5	读写分离时，写入 Buffer 资源个数
136	useEpollNativeSelector	0	通信层是否使用原生 Epoll 模型
137	useReentrantLockWhenPutMessage	0	存储消息时使用可重入锁，默认使用自旋锁
138	useTLS	0	是否使用 TLS
139	waitTimeMillsInPullQueue	5000	拉取请求等待超时时间，超时会快速失败
140	waitTimeMillsInSendQueue	2000	发送请求等待超时时间，超时会快速失败
141	warmMapedFileEnable	0	是否预热 CommitLog 的内存映射文件

RocketMQ Exporter 核心指标说明

	指标名	说明
1	rocketmq_broker_qps	Broker 拉取消息统计,每次拉取消息会按照拉取条数统计
2	rocketmq_broker_tps	Broker 接收的消息统计,每次发送消息会按照发送消息条数统计
3	rocketmq_brokeruntime_commitlog_disk_ratio	CommitLog 磁盘空间使用率
4	rocketmq_brokeruntime_commitlog_maxoffset	CommitLog 最大物理消息位点值
5	rocketmq_brokeruntime_commitlog_minoffset	CommitLog 最小物理消息位点值
6	rocketmq_brokeruntime_commitlogdir_capacity_free	CommitLog 目录可用空间大小
7	rocketmq_brokeruntime_commitlogdir_capacity_total	CommitLog 目录全部空间大小
8	rocketmq_brokeruntime_consumequeue_disk_ratio	ConsumeQueue 磁盘空间使用率
9	rocketmq_brokeruntime_dispatch_behind_bytes	索引构建落后字节数
10	rocketmq_brokeruntime_dispatch_maxbuffer	RocketMQ 4.2.0 没有统计
11	rocketmq_brokeruntime_earliest_message_timestamp	最早消息的保存时间戳
12	rocketmq_brokeruntime_getfound_tps10	成功拉取到消息的 TPS,统计次数超过 10 次才有值
13	rocketmq_brokeruntime_getfound_tps60	成功拉取到消息的 TPS,统计次数超过 60 次才有值
14	rocketmq_brokeruntime_getfound_tps600	成功拉取到消息的 TPS,统计次数超过 600 次才有值
15	rocketmq_brokeruntime_getmessage_entire_time_max	拉取消息的最大耗时
16	rocketmq_brokeruntime_getmiss_tps10	未拉取到消息的 TPS,统计次数超过 10 次才有值
17	rocketmq_brokeruntime_getmiss_tps60	未拉取到消息的 TPS,统计次数超过 60 次才有值
18	rocketmq_brokeruntime_getmiss_tps600	未拉取到消息的 TPS,统计次数超过 600 次才有值
19	rocketmq_brokeruntime_gettotal_tps10	约等于 rocketmq_brokeruntime_getfound_tps10 + rocketmq_brokeruntime_getmiss_tps10(两个监控值相加)
20	rocketmq_brokeruntime_gettotal_tps60	约等于 rocketmq_brokeruntime_getfound_tps60+ rocketmq_brokeruntime_getmiss_tps60(两个监控值相加)
21	rocketmq_brokeruntime_gettotal_tps600	约等于 rocketmq_brokeruntime_getfound_tps600+ rocketmq_brokeruntime_getmiss_tps600(两个监控值相加)

续表

	指标名	说明
22	rocketmq_brokeruntime_gettransfered_tps10	拉取消息时，同时在 ConsumeQueue 中和 CommitLog 中都拉取到消息的 TPS，统计次数超过 10 次才有值
23	rocketmq_brokeruntime_gettransfered_tps60	拉取消息时，同时在 ConsumeQueue 中和 CommitLog 中都拉取到消息的 TPS，统计次数超过 60 次才有值
24	rocketmq_brokeruntime_gettransfered_tps600	拉取消息时，同时在 ConsumeQueue 中和 CommitLog 中都拉取到消息的 TPS，统计次数超过 600 次才有值
25	rocketmq_brokeruntime_msg_gettotal_today_now	当前统计的拉取消息的总条数
26	rocketmq_brokeruntime_msg_gettotal_todaymorning	今天凌晨统计的拉取消息的总条数。 通过计算，我们可以得到今天拉取的消息总条数： rocketmq_brokeruntime_msg_gettotal_today_now-rocketmq_brokeruntime_msg_gettotal_todaymorning（两个监控值相减）
27	rocketmq_brokeruntime_msg_gettotal_yesterdaymorning	昨天凌晨统计的拉取消息总条数。 通过计算，我们可以得到昨天一天拉取的消息总条数： rocketmq_brokeruntime_msg_gettotal_todaymorning - rocketmq_brokeruntime_msg_gettotal_yesterdaymorning（两个监控值相减）
28	rockctmq_brokcruntime_msg_put_total_today_now	当前统计的发送消息的总条数
29	rocketmq_brokeruntime_msg_puttotal_todaymorning	今天凌晨统计的发送消息的总条数。 通过计算，我们可以得到今天发送的消息总条数： rocketmq_brokeruntime_msg_put_total_today_now - rocketmq_brokeruntime_msg_puttotal_todaymorning（两个监控值相减）
30	rocketmq_brokeruntime_msg_puttotal_yesterdaymorning	昨天凌晨统计的发送的消息总条数。 通过计算，我们可以得到昨天一天发送的消息总条数： rocketmq_brokeruntime_msg_puttotal_todaymorning - rocketmq_brokeruntime_msg_puttotal_yesterdaymorning（两个监控值相减）

续表

	指标名	说明
31	rocketmq_brokeruntime_pagecache_lock_time_mills	CommitLog 映射文件的锁住时间
32	rocketmq_brokeruntime_pmdt_0ms	CommitLog 映射文件写入耗时 0ms 以下的请求次数统计
33	rocketmq_brokeruntime_pmdt_0to10ms	CommitLog 映射文件写入耗时大于 0ms、小于 10ms 的请求次数统计
34	rocketmq_brokeruntime_pmdt_100to200ms	CommitLog 映射文件写入耗时大于 100ms、小于 200ms 的请求次数统计
35	rocketmq_brokeruntime_pmdt_10stomore	CommitLog 映射文件写入耗时大于 10s 的请求次数统计
36	rocketmq_brokeruntime_pmdt_10to50ms	CommitLog 映射文件写入耗时大于 10ms、小于 50ms 的请求次数统计
37	rocketmq_brokeruntime_pmdt_1to2s	CommitLog 映射文件写入耗时大于 1s、小于 2s 的请求次数统计
38	rocketmq_brokeruntime_pmdt_200to500ms	CommitLog 映射文件写入耗时大于 200ms、小于 500ms 的请求次数统计
39	rocketmq_brokeruntime_pmdt_2to3s	CommitLog 映射文件写入耗时大于 2s、小于 3s 的请求次数统计
40	rocketmq_brokeruntime_pmdt_3to4s	CommitLog 映射文件写入耗时大于 3s、小于 4s 的请求次数统计
41	rocketmq_brokeruntime_pmdt_4to5s	CommitLog 映射文件写入耗时大于 4s、小于 5s 的请求次数统计
42	rocketmq_brokeruntime_pmdt_500to1s	CommitLog 映射文件写入耗时大于 500ms、小于 1s 的请求次数统计
43	rocketmq_brokeruntime_pmdt_50to100ms	CommitLog 映射文件写入耗时大于 50ms、小于 100ms 的请求次数统计
44	rocketmq_brokeruntime_pmdt_5to10s	CommitLog 映射文件写入耗时大于 5s、小于 10s 的请求次数统计
45	rocketmq_brokeruntime_pull_threadpoolqueue_capacity	Broker 拉取请求处理线程池的工作队列长度
46	rocketmq_brokeruntime_pull_threadpoolqueue_headwait_timemills	Broker 拉取请求线程池队列中的队头任务等待时间，单位为 ms
47	rocketmq_brokeruntime_pull_threadpoolqueue_size	Broker 拉取请求处理线程池的工作队列的目前的任务数
48	rocketmq_brokeruntime_put_message_average_size	发送消息的平均大小，单位为字节

续表

	指标名	说明
49	rocketmq_brokeruntime_put_message_size_total	发送消息的总大小，单位为字节
50	rocketmq_brokeruntime_put_tps10	消息发送次数 TPS，统计次数超过 10 次才有值
51	rocketmq_brokeruntime_put_tps60	消息发送次数 TPS，统计次数超过 60 次才有值
52	rocketmq_brokeruntime_put_tps600	消息发送次数 TPS，统计次数超过 600 次才有值
53	rocketmq_brokeruntime_putmessage_entire_time_max	消息发送最大耗时，单位为 ms
54	rocketmq_brokeruntime_putmessage_times_total	消息发送总共耗时，单位为 ms
55	rocketmq_brokeruntime_query_threadpool_queue_capacity	Broker 查询消息请求处理线程池的工作队列长度
56	rocketmq_brokeruntime_query_threadpoolqueue_headwait_timemills	Broker 查询消息请求线程池队列中队头任务等待时间，单位为 ms
57	rocketmq_brokeruntime_query_threadpoolqueue_size	Broker 查询消息请求处理线程池的工作队列目前的任务数
58	rocketmq_brokeruntime_remain_howmanydata_toflush	Broker 中有多少字节需要刷盘
59	rocketmq_brokeruntime_remain_transientstore_buffer_numbs	读写分离时 Buffer 的可用数量。如果没有开启读写分离，则该参数值默认为 Integer.MAX_VALUE
60	rocketmq_brokeruntime_send_threadpool_queue_size	Broker 发送消息请求处理线程池的工作队列的目前的任务数
61	rocketmq_brokeruntime_send_threadpoolqueue_capacity	Broker 发送消息请求处理线程池的工作队列长度
62	rocketmq_brokeruntime_send_threadpoolqueue_headwait_timemills	Broker 发送消息请求线程池队列中的队头任务等待时间，单位为 ms
63	rocketmq_brokeruntime_start_accept_sendrequest_time	RocketMQ 4.2.0 没有统计
64	rocketmq_client_consume_fail_msg_count	消费者消费失败的消息数
65	rocketmq_client_consume_fail_msg_tps	消费者消费失败的 TPS
66	rocketmq_client_consume_ok_msg_tps	消费者消费成功的 TPS
67	rocketmq_client_consume_rt	消费者单次消费耗时，单位为 ms
68	rocketmq_client_consumer_pull_rt	消费者拉取请求耗时，单位为 ms
69	rocketmq_client_consumer_pull_tps	消费者拉取消息的 TPS
70	rocketmq_consumer_message_size	消费者消费数据的字节数
71	rocketmq_consumer_offset	消费者消费位点信息
72	rocketmq_consumer_tps	消费的 TPS
73	rocketmq_group_count	在线消费者的个数

续表

	指标名	说明
74	rocketmq_group_diff	消息堆积数
75	rocketmq_group_get_latency_by_storetime	消费延迟时间，单位为 ms
76	rocketmq_group_retrydiff	重试消息堆积数
77	rocketmq_producer_message_size	Topic 生产消息的字节总数
78	rocketmq_producer_offset	Topic 生产消息综述
79	rocketmq_producer_tps	Topic 生产消息次数
80	rocketmq_send_back_nums	重试消息发生的次数
81	rocketmq_topic_dlq_offset	死信 Topic 消息的物理位点
82	rocketmq_topic_retry_offset	重试 Topic 消息的物理位点